计算机
视觉技术

事件相机原理
与应用

高山 乔诗展 叶汝楷 编著

化学工业出版社

·北京·

内 容 简 介

《计算机视觉技术：事件相机原理与应用》是一本关于事件相机原理基础的入门类图书。主要从计算机视觉技术的基础和相关数学基础开始讲解，对事件信息的编码、事件的卷积（普通卷积、稀疏卷积、图卷积、3D 卷积）分别进行了生动的介绍，最后又通过三个章节，对基于长短期记忆网络（LSTM）、脉冲神经网络（SNN）、生成对抗网络（GAN）的事件处理的原理和方法做了解读。

本书图文并茂，文字生动有趣，内容浅显易懂，并配有较多例题和习题，以便读者理解和巩固，适用于对事件相机方向感兴趣的技术人员阅读，同时也可供计算机视觉方向的初学者阅读和学习。

图书在版编目（CIP）数据

计算机视觉技术：事件相机原理与应用 / 高山，乔诗展，叶汝楷编著. —北京：化学工业出版社，2021.10
ISBN 978-7-122-39628-0

Ⅰ. ①计…　Ⅱ. ①高… ②乔… ③叶…　Ⅲ. ①计算机视觉　Ⅳ. ①TP302.7

中国版本图书馆 CIP 数据核字（2021）第 149414 号

责任编辑：雷桐辉　王　烨　　　　　　　　　装帧设计：王晓宇
责任校对：王　静

出版发行：化学工业出版社(北京市东城区青年湖南街 13 号　邮政编码 100011)
印　　刷：北京京华铭诚工贸有限公司
装　　订：三河市振勇印装有限公司
710mm×1000mm　1/16　印张 11　字数 194 千字　2021 年 11 月北京第 1 版第 1 次印刷

购书咨询：010-64518888　　　　　　售后服务：010-64518899
网　　址：http://www.cip.com.cn
凡购买本书，如有缺损质量问题，本社销售中心负责调换。

定　　价：79.80 元

前言

事件相机作为一种新型相机，也称为动态视觉相机、硅视网膜相机、仿生相机等，近年来在计算机视觉领域初露头角。十几年前，数码相机代替胶片相机，淘汰了一个时代，现在手机相机的拍照质量飞速提高，消费级数码相机市场占有率也在逐步下降。传统相机包括CMOS 相机、CCD 相机，或者 RGBD相机，它们都有一个参数——帧率，相机总是以恒定的帧率拍摄获取图像。因此，无论传统相机拍摄有多快，都有一定的延迟问题。传统相机需要曝光时间，使感光器件积累一定量的光子信息才能完成一次拍摄。因此，在夜间或者光照不足的情况下，以常规帧率进行拍照，成像效果并不好。而且在曝光时间之内，如果物体出现高速运动，则会产生模糊。另外，传统相机的感光动态范围较低，具体表现为在光线极差或者亮度极高时，相机无法获取到需要的信息。

事件相机对光的变化敏感，可以发现在场景内只要亮度一有变化就会输出光变化的事件信息，且仅输出光变化的数据。由于每个像素单元独立可访问，所以占用了很小的带宽，同时由于事件相机更擅长捕捉亮度变化，所以在较暗和强光场景下也能输出有效数据。事件相机具有低延迟($<1\mu s$)、高动态范围($140dB$)、极低功耗($1mW$)等特性。如果说传统相机更像是对静止物体信息的有效获取，那么事件相机则提供了一种对场景内运动信息获取的有效方式。事件相机作为一种新型的相机，可以构成对获取场景静止信息的传统相机的有效补充，也可以独立使用完成运动信息高效的输出。

目前关于事件相机的书籍较少，多数信息仍然在相关的英文论文和产品介绍中。并且国内外的相关论文和介绍难度较高，要求数学能力较高。因此，撰写本书的目的在于提供一本关于事件相机及其应用的基础的入门类图书。本书介绍了关于事件相机的相关基础知识与操作，编排风格较为简洁，配有较多图片和例题，以便读者理解与巩固。全书内容分为三部分，第一部分为第 1 章，主要介绍计算机视觉基础；第二部分为第 2 章，主要介绍相关数学基础及事件相机的原理；第三部分为第 3～第 10 章，主要介绍事件相机的编码、处理方法及应用。本书适用人群包括对计算机视觉感兴趣的高中生、本科生、研究生以及有意了解事件相机的科研人员及爱好者。

本书由高山指导，乔诗展负责编写，叶汝楷负责审核及校对。

编者水平有限，书中难免会有疏漏之处，请广大学者批评指正。

编著者

目录

第 1 章　计算机视觉简介　　　　　　　　　　　　**001**

1.1　计算机视觉的概念　　　　　　　　　　　001
1.2　计算机视觉的应用　　　　　　　　　　　002
　　1.2.1　图像分类　　　　　　　　　　　003
　　1.2.2　目标检测　　　　　　　　　　　003
　　1.2.3　图像分割　　　　　　　　　　　004
　　1.2.4　目标跟踪　　　　　　　　　　　004
　　1.2.5　其他应用　　　　　　　　　　　005
1.3　思考与练习　　　　　　　　　　　　005

第 2 章　事件相机的原理　　　　　　　　　　　　**006**

2.1　数学基础知识　　　　　　　　　　　　007
　　2.1.1　导数　　　　　　　　　　　　007
　　2.1.2　积分　　　　　　　　　　　　014
　　2.1.3　神经元模型　　　　　　　　　　018
　　2.1.4　多层感知机与全连接层　　　　　　023
　　2.1.5　损失函数　　　　　　　　　　　028
　　2.1.6　神经网络的优化　　　　　　　　　030
2.2　事件相机的概念及原理　　　　　　　　　034
2.3　常用的事件相机　　　　　　　　　　　042
　　2.3.1　DVS 相机　　　　　　　　　　042
　　2.3.2　ATIS 相机　　　　　　　　　　043
　　2.3.3　DAVIS　　　　　　　　　　　044
　　2.3.4　商业事件相机　　　　　　　　　044
2.4　思考与练习　　　　　　　　　　　　045

第 3 章　事件信息的编码　　　　　　　　　　　　**046**

3.1　点云式编码　　　　　　　　　　　　046

3.2　CountImage 编码 047

3.3　张量式编码 049

3.4　局部 CountImage 编码 050

3.5　TimeImage 编码 051

3.6　Leaky Surface 编码 053

3.7　思考与练习 056

第 4 章　事件的普通卷积 057

4.1　2D 卷积的基本原理 057

4.2　卷积神经网络的组成 064

　　4.2.1　卷积层 064

　　4.2.2　池化层 065

　　4.2.3　全连接层 066

　　4.2.4　全局最大/平均池化 067

4.3　事件 2D 卷积的适用范围 068

　　4.3.1　编码要求 068

　　4.3.2　直接事件卷积存在的问题 070

4.4　思考与练习 071

第 5 章　事件的稀疏卷积 072

5.1　稀疏卷积的基本原理 072

　　5.1.1　SC 层的定义 072

　　5.1.2　VSC 层的定义 074

5.2　稀疏池化与全连接层 079

　　5.2.1　稀疏池化层 079

　　5.2.2　稀疏全连接层 081

5.3　稀疏卷积的特征 082

　　5.3.1　编码要求 082

　　5.3.2　流形拟合特性 082

　　5.3.3　稀疏卷积的缺点 083

5.4　思考与练习 083

第 6 章　事件的图卷积 084

6.1　图卷积的基本原理 084

　　　6.1.1　事件的采样 084

　　　6.1.2　图的概念及事件图的构建 088

　　　6.1.3　图卷积的定义 094

　　　6.1.4　图池化及图全连接层的定义 097

　　6.2　图卷积的特性 099

　　　6.2.1　编码要求 099

　　　6.2.2　图的普适性 099

　　　6.2.3　方向可变性 100

　　6.3　思考与练习 101

第 7 章　事件的 3D 卷积 **102**

　　7.1　3D 卷积的原理 102

　　　7.1.1　卷积层的扩展 102

　　　7.1.2　池化层的扩展 105

　　7.2　事件输入与 3D 卷积的特点 108

　　　7.2.1　事件输入的编码要求 108

　　　7.2.2　直接 3D 卷积的现存问题 109

　　　7.2.3　3D 卷积的可分解性 110

　　7.3　4D 卷积简介 110

　　7.4　思考与练习 114

第 8 章　基于 LSTM 的事件处理 **115**

　　8.1　LSTM 的基本原理 115

　　　8.1.1　LSTM 细胞的定义 115

　　　8.1.2　LSTM 的运算更新 118

　　8.2　LSTM 的变体及事件处理 123

　　　8.2.1　ConvLSTM 123

　　　8.2.2　PhasedLSTM 125

　　8.3　思考与练习 126

第 9 章　基于脉冲神经网络的事件处理 **127**

　　9.1　普通神经元的局限 127

　　9.2　脉冲神经网络的概念 128

　　　9.2.1　脉冲神经元模型 130

    9.2.2   脉冲全连接层   133

    9.2.3   脉冲卷积层   135

    9.2.4   脉冲池化层   136

  9.3   脉冲神经网络的学习   137

  9.4   脉冲神经网络的特点   138

    9.4.1   编码要求   138

    9.4.2   脉冲神经网络的局限   139

  9.5   思考与练习   140

第 10 章 基于生成对抗网络的事件处理　　141

  10.1   生成对抗网络的基本原理   141

    10.1.1   普通 GAN 的对弈原理   141

    10.1.2   cGAN 的对弈原理   148

    10.1.3   Cycle-GAN 的对弈原理   149

    10.1.4   Info-GAN 的对弈原理   154

  10.2   事件图像的生成   155

  10.3   思考与练习   157

参考文献　　**158**

第1章

计算机视觉简介

1.1 计算机视觉的概念

　　人眼是经过了数亿年生物自然选择的结果，人类日常生活中 70%以上的感知都是通过眼睛来实现的。拥有了眼睛，就可以快速了解世界的颜色、形状等信息，并将其映射到视网膜中。随后，通过视网膜连接的神经通路，就可以在大脑中进行处理，从而形成看到的视觉影像。而这一过程是实时进行的，因此眼睛的出现对于生物预防天敌、保护自我具有很重要的作用，同时也为生物的觅食、迁徙等提供了很大的便利。

　　随着工业化进程的推进，人类虽然具有眼睛这一大优势，但是所有劳动若全都是用人类完成，那么成本就会过高。为了降低成本，除了使用如蒸汽机、电动机等机械部分或全部代替人类的劳动，仍需要使用其他手段提高生产力。在 1966 年，Marvin Lee Minsky 利用刚刚出现的计算机设备，要求其学生使用程序设计语言读取摄像机的输出，并显示在屏幕上。这一过程，则相当于将从视网膜上映射的图像，通过神经通路发送至大脑并显示的过程。该过程即使用摄像机和计算机作为输出和读取设备，使用程序设计语言完成摄像机输出到电脑屏幕上的映射，与生物产生视觉的原理不同，是通过计算机模拟了生物产生视觉的过程，因此该任务催生了计算机视觉领域的发展。

　　一般来说，计算机视觉是指使用计算机及其他相关设备（如摄像机等）对生物视觉的一种模拟。而对人类来说，不仅可以通过视觉映射这个世界的影像，还可以识别并描述出影像中的物体。人眼的注意力机制也帮助我们可以着重观察影像中某个关键的物体，而不被其他次要物品影响。因而计算机视觉的任务不仅包括简单地在计算机上显示摄像机的输出图像，还包括对图像的一系列处理和完成相关任务，如分类、分割等。

　　在真实世界中，一个物体在空间上是连续的，因此人眼看到的图像中的物体也是连续的，这称为模拟图像。然而在计算机中，由于其信号值是有限的，分辨率也较为有限，其最小的分辨单元为像素。因此，为了让计算机能处理图像，则需要将图像在空间上以像素为尺度分割成若干小单元，并将图像的颜色信息也分割成离散的数值，这个过程称之为图像数字化，其生成的图像成为数字图像。

由于数字图像的最小单位为像素，而像素上的值可以表示图像的颜色。因此，在计算机中，图像通常以一个矩阵的形式表达。如图 1-1 所示为计算机中的图像表示，考虑到所有颜色均可由红(R)、绿(G)、蓝(B)这三种颜色混合得出，因此对于一张彩色图像，表达每一个像素颜色需要红、绿、蓝三个不同的数值，也就是说图像有 RGB 三个通道。而为节约空间并尽可能保持真实性，每个通道中表示的数值一般在 0~255 之间，数值越大，那么该通道对于图像的颜色所起的作用越强。因而，如果一张彩色图像在计算机中表示为长 L 个像素，宽度为 B 个像素，那么在计算机中就以一个大小为 $L \times B \times 3$ 的三维矩阵储存。其中，数字"3"代表图像是由 RGB 三个通道构成的。

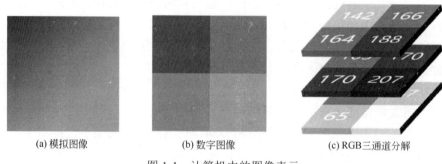

(a) 模拟图像　　　　　　(b) 数字图像　　　　　　(c) RGB三通道分解

图 1-1　计算机中的图像表示

而有时，会看到灰度图像，即图像中只有黑色、白色混合而成的灰色，如图 1-1(c)中的任意一个通道所示。那么，表示图像中任意一个像素则只需要一个数值即可。也就是说，图像矩阵的大小为 $L \times B \times 1$，可以看成是一个二维矩阵，其矩阵中每一个元素表示了所在位置像素的颜色数值。而对于二维矩阵，可以很方便地定义转置、逆、行列式等概念，因此对计算机视觉的研究可以带来一定的方便。

1.2　计算机视觉的应用

近年来，计算机视觉主要与人工智能领域相结合，使用卷积神经网络等模型，可以对图像进行智能语义上的理解，广泛应用于图像分类、目标检测、图像分割、目标跟踪等领域。

1.2.1 图像分类

图像分类的任务是将若干幅不同的图像按照一定的规则分为若干类。垃圾分类就是一种典型的分类任务，将不同种类的垃圾分为可回收物、厨余垃圾、有害垃圾和其他垃圾四类。对于图像而言，垃圾图像分类的任务可以描述为：将若干张没有标注垃圾种类的图像，提取其特征，并分成四类。

分类任务不仅可以用于生活垃圾智能分类方便，对于手写数字识别、人脸识别等领域，都有广泛的应用。此外，分类任务也是目标检测任务的一个基础。

1.2.2 目标检测

目标检测的任务较图像分类的任务更为复杂。考虑到生活中随手拍摄的图像可能包括多个有意义的物体，如果单纯将这个图像分类，则图像中存在的无意义背景信息的干扰较大，所以直接对这一类图像进行分类的意义较小。因此，需要通过目标检测手段，将图像中存在的有意义的目标（不考虑背景）给框选出来，并判断这些目标的类别，这就是目标检测的主要任务。

对于同样一种图像，图 1-2(a)中直接将其进行分类可知该图像为风景画，而图 1-2(b)中的检测结果为图像中除无意义背景外有意义的物体：热气球。由此可以看出图像分类任务解决的是图像整体的归类问题，而目标检测任务解决的是图像中具体细节的抓取和归类问题。

(a) 图像分类

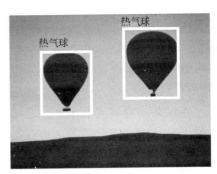

(b) 目标检测

图 1-2 图像分类和目标检测的区别

1.2.3　图像分割

图像分割任务是以目标检测任务为基础的,但其判断物体的标准更为严格。在目标检测中,只需使用矩形框框选出有意义的物体即可,但是在矩形框中仍然存在一些属于背景的像素。因此,图像分割的任务就是判断图像中每个像素所属的集合。按照集合构成方式不同,可分为语义分割、实例分割和全景分割。

语义分割指仅判断图像中每一个像素所归属的类别。实例分割则是先通过目标检测找出图像中所需要进行分割的物体,再对每个物体的不同实例进行划分,例如图 1-3(b)中有两个热气球,那么实例分割就需要划分这两个不同的热气球。而全景分割则是语义分割和实例分割的组合,不仅要判断图中每个像素所属的类别,还需判断不同类别中的不同实例。

(a) 语义分割　　　　　　　　(b) 实例分割　　　　　　　　(c) 全景分割

图 1-3　图像的不同分割形式

而由于图像分割要求粒度最高,因而也是目前计算机视觉领域较难的任务。

1.2.4　目标跟踪

目标跟踪是目标检测和图像分割任务的延伸。当输入多张连续的图像时,若存在运动物体,则运动物体在图像上会产生位置的移动。而目标跟踪需要解决的是图像中特定目标的寻找和跟随。具体而言,在每一张图像中都需要进行目标检测或分割操作,并且需要保证一定的实时性。

传统解决目标跟踪的算法主要包括帧差法、背景建模方法。考虑到图像是连续且背景没有变化,因此可以对相邻两张图片中每个像素做差取绝对值,这样即可将运动的物体提取出来,这种方法称为帧差法。但由于运动物体内部颜色可能十分相近,因此帧差法会存在空洞问题。背景建模方法主要是考虑到目标运动和背景存在某一分布的不同,如速度分布、位置分布等。建立这些分布的模型就可以提取出符合特定分布下的像素位置,即可找到物体的确切位置。

而基于深度学习的方法主要包括逐帧检测和光流法。逐帧检测要求目标检测的速度达到或超过图像每秒出现的速率（帧率），进而可以实时对每一帧图像进行处理。光流法则是在首帧检测出物体的位置，随后计算物体运动的速度，从而在下一帧中正确寻找到对应的物体。

由于目标跟踪是追踪图像中确切的目标，因此广泛运用于刑侦、客流量估计、速度计算等场合。

1.2.5　其他应用

除上述介绍的常用应用外，计算机视觉还在行人重识别、图像风格迁移、超分辨率重构、图像和视频描述等领域具有广泛的运用。

1.3　思考与练习

1．计算机视觉的主要任务是什么？

2．语义分割、实例分割、全景分割的共同点是什么？

3．若目标检测的速度小于帧率，那么进行逐帧检测时会出现什么问题？

4．对比生物视觉，在计算机视觉中，摄像机和计算机所起的主要作用是什么？

5．简述超分辨率重建的应用场合。

第2章

事件相机的原理

在计算机视觉中，相机（或称视觉相机）的作用是捕捉外界的光照刺激，并将其转换为电信号，形成一张图像，以矩阵形式保存。有了这些图像矩阵，才可以进行一系列的图像处理操作。如果没有视觉相机，那么就无法将外部图像进行捕捉和处理，也就无从谈起视觉应用。因此，视觉相机是计算机视觉中一个不可或缺的重要组成部分，而能够进行光照捕捉并将其转换为矩阵形式图像的相机，按照转换为矩阵的形式分为普通 RGB 相机、灰度相机、事件相机等。RGB 相机又称彩色相机，可以生成具有三个通道的彩色图像；灰度相机只能储存含有一个通道的二维矩阵图像，矩阵中每个元素的范围为 0～255，称之为灰度图像；事件相机则和普通 RGB 相机或灰度相机不相同，其输出的矩阵尺寸为 $(1,4)$，其中，第一个维度表示 1 个事件信息，第二个维度表示 4 个特征，包括该事件产生的位置 (x, y)，事件发生的时间戳 t，与事件的极性 p。其中，事件的极性是根据某些确定规则设定的，后续章节中会逐一介绍。

视觉相机将外部光照刺激转换为矩阵形式的图像的过程实际上不是实时进行的，具有一定的滞后性。也就是说，视觉相机转换而成的图像是一定延时 t_{delay} 之前的外界信息。对于普通 RGB 相机和灰度相机等，其延时一般在 $t_{delay} \in [10, 50]$ms。因此，这类相机每秒能产生最多 50 帧图像。对于事件相机和高速相机，每秒可以产生成千上万的信息。设计延迟更低的视觉相机，则可以对后续的应用提供更多有用的数据，并且能捕捉更加细节的信息。

因此，对于事件相机这一类原理与普通 RGB 相机相差较大的相机，首先应掌握一定的基础知识，随后从原理上理解其工作过程，再了解事件的转化和计算机视觉方面的应用，最后了解事件相机对其他生产生活任务的应用，这也是本书的介绍顺序。

2.1 数学基础知识

为了了解事件相机的原理和应用，首先应掌握的基础知识包括导数、积分、神经网络的优化等。

2.1.1 导数

导数是数学中的概念，通俗来讲，导数表示某种事物的变化率。例如，每年身高增长 5cm，那么这 5cm 就是一年身高的变化率，也称作身高对年龄的导数，其数值为 5cm。又例如，以初中数学中学过的二次函数和直线斜率为例，导数表示某点切线的斜率，如图 2-1 所示。

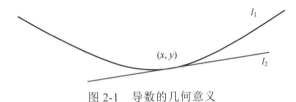

图 2-1　导数的几何意义

图 2-1 中，l_1 表示二次函数，在 l_1 上的某一点（x,y），有一条直线 l_2 与之相切，那么直线 l_2 称之为二次函数在该点的切线，其斜率 k 表示二次函数在点（x,y）处的导数。这样可以将导数以图的方式表示，称之为导数的几何意义。而斜率的几何意义表示直线方向的变化趋势（坡度），即表示沿 x 轴正方向移动 1 个单位时，y 轴坐标的变化数值，同样也是函数的变化率的意思，因此，函数在某点处切线的斜率就是函数在该点的导数。

此外，对于无法作出某点切线并求出其斜率或斜率较为复杂的函数，一般不采用几何意义求导数，而是采用函数的解析表达式。对于函数 $y = f(x)$，其导数表示为：

$$y' = f'(x) = \frac{\mathrm{d}f(x)}{\mathrm{d}x} = \frac{\mathrm{d}y}{\mathrm{d}x} \tag{2-1}$$

而函数 $y = f(x)$ 在某点 x_0 处的导数，则表示为：

$$y'(x_0) = f'(x_0) = \frac{\mathrm{d}y}{\mathrm{d}x}\bigg|_{x=x_0} \tag{2-2}$$

因此，假如每年身高增长 5cm，考虑到身高随着年龄的增长会变化，因此可以表示为：身高 = f(年龄)，利用导数的解析表达式，就可以写成：

$$f'(年龄) = \frac{\mathrm{d}身高}{\mathrm{d}年龄} = 5\mathrm{cm} \tag{2-3}$$

而对于二次函数 $f(x) = ax^2 + bx + c$ 而言，其导数公式为：

$$f'(x) = 2ax + b \qquad (2\text{-}4)$$

因此，如果 $x_0 = 5$，那么二次函数在该点的导数则为：

$$f'(5) = 10a + b \qquad (2\text{-}5)$$

对于二次函数，其系数 a 和 b 是已知值，因此某点的导数是一个可以求出的具体数值，而某个函数的导数则仍然是一个函数，不一定是一个具体的数值。在本书中，经常使用一次函数、二次函数、反比例函数、三角函数、指数函数、自然对数函数的导数，而这些函数的导数需要使用导数的定义求出，在本书中不对导数具体的定义式进行深入研究。这些函数的导数列于表 2-1 中，称为函数导数的基本公式表，需要使用时，仅需通过查表即可使用，无需再从导数的定义重新推导。

表 2-1　函数导数基本公式表

函数 $f(x)$	导数 $f'(x)$
$y = C$（常数）	$y' = 0$
$y = ax$	$y' = a$
$y = ax^2 + bx + c$	$y' = 2ax + b$
$y = \dfrac{1}{x}$	$y' = -\dfrac{1}{x^2}$
$y = \sin x$	$y' = \cos x$
$y = \cos x$	$y' = -\sin x$
$y = e^x$	$y' = e^x$
$y = \ln x$	$y' = \dfrac{1}{x}$

可以看出，导数基本公式表中的函数非常有限，并且无法计算形如 $y = \sin[\cos(ax)]$ 这类复杂函数的导数。对此，可以将一个复杂函数看成表中某个或某几个函数通过四则运算（加、减、乘、除）和复合运算（形如 $f[g(x)]$ 类型）导出的函数，通过导数的运算法则进行运算。导数的运算法则也可以通过导数的原始定义进行推导，但过程非常复杂，因此在此仅将其列在其中，称之为导数基本运算表，其中 $f(x)$ 和 $g(x)$ 为两个不同函数，见表 2-2。

表 2-2　导数基本运算表

运算类型	表达式	导数表达式
加/减法	$f(x) \pm g(x)$	$f'(x) \pm g'(x)$
乘法	$f(x)g(x)$	$f(x)g'(x) + g(x)f'(x)$，若 $f(x) = C$（常数），则 $Cg(x) = Cg'(x)$
除法	$\dfrac{f(x)}{g(x)}$	$\dfrac{f'(x)g(x) - g'(x)f(x)}{g(x)^2}$
复合运算	$f[g(x)]$	设 $g(x) = t$，则 $\{f[g(x)]\}' = f'(t)t'(x)$
反函数	$x = f(y)$	$x' = \dfrac{1}{y'}$

对于某一函数，可以通过上述运算分别拆解，随后进行运算，从而求出具体的导数，对于神经网络而言，复合函数的运算显得尤其重要。

【例2-1】求函数 $y = 3A + 5$ 的导数，其中 $A = e^{2B+3}$, $B = 2x + 7$。

【解】这是一个复合函数，包含一次函数与指数函数，实际上这也是全连接层的一个典型函数。除了题目中给定的 A、B 两个函数外，还可以令 $t = 2B + 3$ 以方便计算，因此可以通过复合函数的求导法则：

$$\{f[A(B)]\}' = f'(A)A'(t)t'(B)B'(x) \tag{2-6}$$

对于每一项，可以使用基本导数公式求出：

$$\begin{cases} f'(A) = 3 \\ A'(t) = e^t \\ t'(B) = 2 \\ B'(x) = 2 \end{cases} \tag{2-7}$$

随后，可以将其进行相乘，得到复合函数的导数为：

$$y' = 3 \times 2 \times 2e^t = 12e^t \tag{2-8}$$

最后，将包含的函数项，即 A、B、t 等代入导数的表达式，得到 y 与 x 的关系表达式：

$$y' = 12e^{2 \times (2x+7)+3} = 12e^{4x+17} \tag{2-9}$$

可以看出，复合函数求导遵循列函数表、逐项求导、代入三个步骤。其中列函数表即将复合函数逐层解开，并将每个导数进行计算式上的相乘，如式(2-6)所示。而对此，可以使用一种简明的表示方式，即列出求导关系图，如图 2-2 所示。

$$f \longrightarrow A \longrightarrow t \longrightarrow B \longrightarrow x$$

图 2-2　链式求导法则

其中，箭头从 a 指向 b 表示 a 对 b 求导，而 a 指向 b 指向 c 的箭头则表示 a 对 b 的导数乘以 b 对 c 的导数。这样表示可以很简明地写出复合函数的乘积关系，而不会多项或漏项。这种图示方法，由于表现的是一环套一环的函数关系，因此复合函数的求导法则也称为链式求导法则。

【例2-2】已知 Sigmoid 激活函数的表达式为：

$$S(x) = \frac{1}{1 + e^{-x}} \tag{2-10}$$

求该函数的导数，并求出 $S'(0.5)$。

【解】分析：从内到外分解，Sigmoid 函数可以看成是一个一次函数 $a = -x$，外部嵌套一个指数函数 $b = e^a$，再嵌套一个一次函数 $c = 1 + b$，最后再增加反比

例函数 $S(x) = f = d = \dfrac{1}{c}$ 复合而成。因此首先需要根据链式求导法则，可以做出函数求导图：

$$d \longrightarrow c \longrightarrow b \longrightarrow a \longrightarrow x$$

随后，分别求出对应的导数：

$$\begin{cases} d'(c) = -\dfrac{1}{c^2} \\ \ c'(b) = 1 \\ b'(a) = \mathrm{e}^a \\ a'(x) = -1 \end{cases} \tag{2-11}$$

随后，将每一项进行相乘，并且代入导数公式，可得：

$$S'(x) = -\dfrac{1}{c^2} \times 1 \times (-1) \times \mathrm{e}^a = \dfrac{\mathrm{e}^{-x}}{(1+\mathrm{e}^{-x})^2} \tag{2-12}$$

因此，可以将 $x_0 = 0.5$ 代入式(2-12)中，即可求出：

$$S'(0.5) = \dfrac{\mathrm{e}^{-0.5}}{(1+\mathrm{e}^{-0.5})^2} = 0.235 \tag{2-13}$$

上述讨论的导数的内容都是针对一个自变量的，称之为一元函数，而有时候会遇到多个自变量的函数，如 $f(x,y) = 2x + 3y$，这种函数，称之为多元函数（复合函数）。有时候还会遇到由向量或矩阵构成的函数，如 $f(\vec{x}) = w\vec{x} + \vec{b}$ 等，则需要使用多元函数的求导法则，此时对应的导数，称之为偏导数，其主要表示某个变量对函数数值的变化率。例如，某人的身高不仅与年龄有关，还与运动量有关。而如果单独考虑年龄对身高的影响时，假设你每年身高增长 5cm，那么就需要使用偏导数，可以表示为：

$$\dfrac{\partial 身高}{\partial 年龄} = 5\mathrm{cm} \tag{2-14}$$

称之为身高对年龄的偏导数，其数值等于 5cm，而如果假设你的运动量可以使身高增长 3cm，那么就可以表示为：

$$\dfrac{\partial 身高}{\partial 运动量} = 3\mathrm{cm} \tag{2-15}$$

称之为身高对运动量的导数。因此，对于一个函数 $f(x,y,z\cdots)$ 而言，其相对于某个变量 x 的偏导数，可以表示为：

$$f'_x = \dfrac{\partial f}{\partial x} \tag{2-16}$$

计算偏导数的法则与导数相类似，但是与其不同的是，偏导数计算时，需要明确是对哪个变量求的，并且将其他变量看成是一个常数，按照常数求导等于 0 以及乘积的简化运算法则等计算。

【例 2-3】分别求偏导数 $\dfrac{\partial f}{\partial x}, \dfrac{\partial f}{\partial y}$：

（1）$f(x,y) = 3x + 6y^2$

（2）$f(x,y) = \mathrm{e}^{x\ln(x+3\mathrm{e}^y)}$

【解】（1）首先，求 f 对 x 的偏导数时，将其他变量 y 看成常数，即令 $6y^2 = 6C^2$，随后使用一般的求导法则进行求导，得到：

$$\frac{\partial f}{\partial x} = (3x + 6C^2)' = 3 \tag{2-17}$$

同理，在求 f 对 y 的偏导数时，需要将 x 看成是常数，进行求导，得到：

$$\frac{\partial f}{\partial y} = (3C + 6y^2)' = 12y \tag{2-18}$$

（2）对于这道题，与（1）相似，对谁求导，就将除谁之外的变量全都看成常数，再利用一般导数的求导法则进行求导即可。因此，与链式求导法则类似，在求 $\dfrac{\partial f}{\partial x}$ 时，令 $a(x) = x + 3\mathrm{e}^C$，$b(a) = \ln a$，$d(x,b) = xb$，$g(d) = \mathrm{e}^d$。但是，前面的链式法则中，一个函数仅与一个自变量相关，比如 a 仅与 b 有关，b 仅与 c 有关等，一环套一环，因此作图则表现为单个箭头顺次连接各个字母。但是在这个问题中，d 函数的自变量有两个，一个是 x，一个是 b，此时在图像上就不能表现为 d 仅连接某个字母了，而需要让 d 同时连接两个字母：

由于 d 需要同时考虑 x 和 b 两个自变量，因此存在两个偏导数 $\dfrac{\partial d}{\partial x}, \dfrac{\partial d}{\partial b}$。而根据偏导数的概念，两个偏导数分别表示这两部分对 d 的变化率的影响，由于这两种变化率是分别计算的，因此这两个偏导数的关系应该是相加的。例如，运动量与年龄对身高的共同影响，可以表示为运动量的影响与年龄的影响之和。

综上，可以画出计算 $\dfrac{\partial f}{\partial x}$ 时的复合函数求导路线图：

$$g \longrightarrow d \longrightarrow x$$
$$\qquad\qquad \searrow b \longrightarrow a \longrightarrow x$$

随后，可以分别写出每个函数的导数，如果自变量超过一个，则需要表示为偏导数：

$$\begin{cases} g' = \mathrm{e}^d \\ d'_x = b \\ d'_b = x \\ b' = \dfrac{1}{a} \\ a' = 1 \end{cases} \tag{2-19}$$

将其代入链式求导法则公式中，并将 C 还原为 y，可得：

$$\frac{\partial f}{\partial x} = \mathrm{e}^d \left(b + x \frac{1}{a} \times 1 \right) = \mathrm{e}^{x \ln(x + 3\mathrm{e}^y)} \left[\ln(x + 3\mathrm{e}^y) + \frac{x}{x + 3\mathrm{e}^y} \right] \tag{2-20}$$

同理，对 f'_y 的计算，也可以画出对应的复合函数求导路线图，首先令 $a = C + 3\mathrm{e}^y$，$b = \ln a$，$d = Cb$，$g = \mathrm{e}^d$，此时由于将 x 看成常数，因此路线图仅有一条顺次连接的主路：

$$g \longrightarrow d \longrightarrow b \longrightarrow a \longrightarrow y$$

然后，计算各个导数并将其代入到复合函数求导法则，可得：

$$f'_y = \mathrm{e}^d C \frac{1}{a} \times 3\mathrm{e}^y = \frac{3x\mathrm{e}^y \mathrm{e}^{x \ln(x + 3\mathrm{e}^y)}}{x + 3\mathrm{e}^y} \tag{2-21}$$

可以看出，对复合函数而言，对不同的变量求偏导数，所做出来的函数路线图可能不一样。在神经网络中，其主要的对象是向量和矩阵，但是在全连接层中，可以将神经网络中的对象看成是多元函数处理，对其分别求偏导。

【例 2-4】已知 $w_1 = w_1(w_{11}, w_{12}), w_2 = w_2(w_{21}, w_{22}), x = x(x_1, x_2), R_l(x) = 3x$，并已知函数 $f_1 = R_l(w_{11}x_1 + w_{12}x_2)$ 以及 $f_2 = R_l(w_{21}f_1 + w_{22}f_1)$，求偏导数 $\dfrac{\partial f_2}{\partial x_1}$、$\dfrac{\partial f_2}{\partial x_2}$。

【解】这一题的自变量较多，并且都为多元函数，但注意到 w_1、w_2 的自变量与 x 是没有关系的，因此可以直接使用 $\dfrac{\partial w_1}{\partial w_{11}}$ 表示 w_1 对 w_{11} 的偏导数，其他依次类推。因此 w_1、w_2 对其自变量的偏导数表示在链式求导图上的形式为：

$$w_1 \searrow^{\displaystyle w_{11}}_{\displaystyle w_{12}} \qquad w_2 \searrow^{\displaystyle w_{21}}_{\displaystyle w_{22}}$$

而注意到函数 $f_1 = R_l \left[(w_{11}, w_{12}) \begin{pmatrix} x_1 \\ x_2 \end{pmatrix} \right] = R_l(\boldsymbol{w}_1 \boldsymbol{x}) = 3\boldsymbol{w}_1 \boldsymbol{x}$，可以写成一个向量/矩阵相乘的形式，并且变量 w_i、x_j 均相互独立。因此，尽管 $\boldsymbol{w}_1$、$\boldsymbol{x}$ 均不是常见

的标量自变量（前面提到的 x, y 等，都是标量自变量，即自变量只有一个元素，而非一个向量或矩阵），但是由于其互相独立，因此仍然满足 $\dfrac{\partial f_1}{\partial w_1}=3x,\dfrac{\partial f_1}{\partial x}=3w_1$ 的求导关系。包含若干标量自变量构成的向量（矩阵），称之为向量（矩阵）自变量，这样由向量/矩阵构成的函数，称之为向量/矩阵函数。如果两个向量（矩阵）自变量中的元素均相互独立，那么对某个向量（矩阵）自变量的求导法则与标量完全相同，因此有：

$$\frac{\partial f}{\partial \boldsymbol{x}}=\left(\frac{\partial f}{\partial x_1},\frac{\partial f}{\partial x_2},\ldots,\frac{\partial f}{\partial x_n}\right) \tag{2-22}$$

称之为函数对某个向量/矩阵自变量的分解求导表示。有了相互独立的向量（矩阵）自变量的求导规则，那么就可以作出这一题总的链式求导图，如图 2-3 所示。

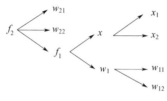

图 2-3 例 2-4 图

而题目中仅要求求 $\dfrac{\partial f_2}{\partial x_1}$、$\dfrac{\partial f_2}{\partial x_2}$，因此，可以将与 (x_1, x_2) 最终无关的函数及自变量看成是常数，即无需求 $\dfrac{\partial f_2}{\partial w_{21}}$ 等值，因为 $\dfrac{\partial w_{21}}{\partial x_1}$ 和 $\dfrac{\partial w_{21}}{\partial x_2}$ 均为 0，因此不需要求路径右端与要求的量无关的函数和自变量的偏导。

根据标量自变量的偏导数的求导法则，以及独立的向量自变量偏导数运算法则，可以求出与 (x_1, x_2) 有关的偏导数：

$$\begin{cases} \dfrac{\partial f_2}{\partial f_1}=R_l(w_{21}+w_{22})=3(w_{21}+w_{22})\\[3mm] \dfrac{\partial f_1}{\partial \boldsymbol{x}}=\left(\dfrac{\partial f}{\partial x_1},\dfrac{\partial f}{\partial x_2}\right)=3\boldsymbol{w}_1=(3w_{11},3w_{12}) \end{cases} \tag{2-23}$$

【例 2-5】已知 $o_1=w_1x,o_2=w_2o_1,o_3=w_3o_2,\cdots,o_n=w_no_{n-1}$，求 $\dfrac{\partial o_n}{\partial x}$。

【解】与之前复合函数的题目类似，首先可以看出 o_n 分别与 (w_n, o_{n-1}) 有关，而 w 仅与其各个分量有关，与中间变量 o_i 和输入变量 x 均无关。以此类推，就可以做出本题的链式求导图，如图2-4所示。

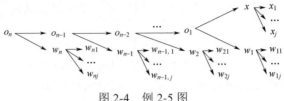

图 2-4　例 2-5 图

可以看出，与 x 有关的仅有 $o_n \to o_{n-1} \to \cdots \to o_1 \to x$ 这一条路径，而根据偏导数的计算法则，对除第一个中间变量外，均有 $\dfrac{\partial o_i}{\partial o_{i-1}} = w_i$，而第一个中间变量的偏导数为 $\dfrac{\partial o_1}{\partial x} = w_1$。因此，根据链式求导法则，有：

$$\frac{\partial o_n}{\partial x} = w_n w_{n-1} w_{n-2} \cdots w_1 = \prod_{i=1}^{n} w_i \tag{2-24}$$

可以看出，这种抽象函数的偏导数以及向量/矩阵自变量的偏导数可以转换为标量自变量的偏导数，并且链式法则存在一些注意事项：

① 当路径出现分叉时，分叉的路表现为各条路径相加。

② 存在多个自变量时，仅对每条路径末端为所需要求的自变量的路径求偏导，其余路径可以省略，从而化简偏导数。

③ 存在相互独立的向量/矩阵自变量，可以将其直接利用偏导数的运算法则进行求导。

2.1.2　积分

积分与导数一样，是数学中的概念，并且与导数存在直接关系。积分分为不定积分、定积分和无穷积分三种。不定积分就是导数的逆运算，是通过函数的导数求出函数的过程。例如，每年身高增加 5cm，那么身高对年龄求导，就得到了每年身高增长 5cm 的结论。那么如果对年龄进行不定积分，就会得到身高关于年龄的函数。而这个不定积分，可以记为：

$$身高(年龄)+C=\int 5 \mathrm{d} 年龄 \tag{2-25}$$

其中，5 的单位为 cm，d 后面为"年龄"，表示被积分的变量（积分变量），即原先对某个变量进行求导，那么该变量就放到 d 的后面，表示对该变量进行求导的逆运算。而计算得出身高后面加上 C（称之为积分常数），则由于不定积分是求导的逆运算，而常数 $C' = 0$，因此，如果直接对导数进行定积分，那么求出来的函数是不唯一的，但一定包含原来进行求导的函数。最后，符号 $\int$ 表示不定积分的积分号，与导数符号类似，该符号表示该公式的运算为不定积分运算。一般地，对于函数 $f(x)$，其对 x 求导后的导数是 $f'(x)$，那么不定积分的表示式为：

$$F(x) = f(x) + C = \int f'(x)\mathrm{d}x \tag{2-26}$$

在该积分中，$f'(x)$ 称为被积函数，函数 $F(x)$ 表示原函数，其包含了 C 的所有取值，由于 $C' = 0$，因此对原函数求导仍然可以得到 $f'(x)$，而对 $f'(x)$ 进行不定积分得到的就是原函数 $F(x)$，这就是不定积分和导数的关系。

根据不定积分的定义，可以得出其计算方法。首先，明确不定积分的积分符号后，字母 d 前表示原函数 $F(x)$ 的导数，而 d 后面表示对谁求导。对一元函数而言，d 后面一般是自变量 x。随后，根据导数表中的导数或根据导数的运算法则查出相对应的函数，即明确哪个函数的导数才是积分号后 d 前的导数式。最后，在写出对应函数后，在函数后加上常数项 C。

【例2-6】计算不定积分：

$$F(x) = \int 3x\mathrm{d}x \tag{2-27}$$

【解】首先，根据导数运算法则，可知：

$$\left(\frac{3}{2}x^2\right)' = 3x \tag{2-28}$$

因此，可以记 $f(x) = \frac{3}{2}x^2$，该函数求导后可以得到 $3x$。但是该函数并不是不定积分的原函数，因此，需要在该函数后加上常数项 C 表示不定积分的结果：

$$F(x) = f(x) + C = \frac{3}{2}x^2 + C \tag{2-29}$$

对应于函数和导数表，可以将本书中需要使用到的函数导数的积分，列于表 2-3 中，后续可以直接使用。

表 2-3　基本积分表

导数 $F'(x) =$	原函数 $F(x) =$
C	$Cx + C$
ax	$\frac{1}{2}ax^2 + C$
$ax^2 + bx + c$	$\frac{1}{3}ax^3 + \frac{1}{2}bx^2 + cx + C$
$\frac{1}{x^2}$	$-\frac{1}{x} + C$
$\sin x$	$-\cos x + C$

导数 $F'(x) =$	原函数 $F(x) =$
$\cos x$	$\sin x + C$
e^x	$e^x + C$
$\dfrac{1}{x}$	$\ln|x| + C$

与导数类似，不定积分也有其运算法则，从而可以化简运算，本书中涉及的基本运算规则包括加减法、常数提取性质、不定积分求导三类，列于表 2-4 中，后续可以直接使用。

表 2-4　积分运算性质表

性质	运算表达式
加减法	$\int [f(x) \pm g(x)]\mathrm{d}x = \int f(x)\mathrm{d}x \pm \int g(x)\mathrm{d}x$
常数提取性质（k 为任意常数）	$\int kf(x)\mathrm{d}x = k\int f(x)\mathrm{d}x$
不定积分求导性质 A	$\left(\int f(x)\mathrm{d}x\right)' = f(x)$
不定积分求导性质 B	$\int f'(x)\mathrm{d}x = \int \mathrm{d}f(x) = f(x) + C$

值得注意的是，表 2-4 中没有积分的乘法和除法，这是因为对于函数 $F(x) = f(x)g(x) + C$，其导数为 $F'(x) = f'(x)g(x) + g'(x)f(x)$，因此对 $F'(x)$ 进行积分，其所得结果才是 $F(x)$，而对于积分 $\int f'(x)g'(x)\mathrm{d}x$，即构成 $F(x)$ 的两个函数的导数相乘进行积分，计算的结果则不等于 $F(x)$。对于这一类积分，以及包含复合函数的积分，则需要使用换元积分法、分步积分法进行计算。

【例 2-7】计算不定积分：$\displaystyle\int\left(\frac{1}{x^2} + 3x - 3 + \frac{1}{x}\right)\mathrm{d}x^2$

【解】由于积分号后面为 x^2，而不是 x，因此无法直接计算该积分，需要先使用不定积分求导性质 B，令 $a = x^2$，故 $a' = 2x$。因此，将其代入题中，得：

$$F(x) = \int a'\left(\frac{1}{x^2} + 3x - 3 + \frac{1}{x}\right)\mathrm{d}x = \int 2\left(\frac{1}{x} + 3x^2 - 3x + 1\right)\mathrm{d}x \tag{2-30}$$

随后，根据不定积分常数提取性质，可以将常数 2 提取到积分符号外，并根据不定积分的加减法运算规则，进行逐项积分，添加常数 C：

$$F(x) = 2\int\left(\frac{1}{x} + 3x^2 - 3x + 1\right)\mathrm{d}x = 2\left(\ln|x| + x^3 - \frac{3}{2}x^2 + x\right) + C \tag{2-31}$$

不定积分的几何意义可以表现为一条无限延长的曲线 $f'(x)$ 与 x 轴围成面积从左到右的变化函数，如图 2-5 所示。而如果需要在某个区间上截取该曲线，

并计算截取段与 x 轴围成的面积，就需要计算出具体的数值。然而，根据不定积分可以求出原函数，即面积相对于 x 变化的函数，但是不能计算出具体的面积数值。

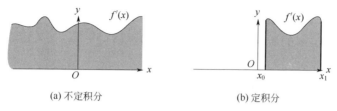

(a) 不定积分　　　　　　　(b) 定积分

图 2-5　积分的几何意义

为了计算曲线 $f'(x)$ 与 $x = x_0, x = x_1$ 围成区域的具体面积（可以求出具体数值），则需要使用定积分。针对这个问题，首先需要定义定积分的表示和计算方法。本书中表示定积分的方法为：

$$F(x) = f(x) = \int_{x_0}^{x_1} f'(x)\mathrm{d}x \tag{2-32}$$

可以看出，与不定积分相比，有两个重要的改变。第一，积分号右上和右下多出了两个符号。其中，右下符号 x_0 表示积分的下限，即定积分截取曲线的左侧边界；右上符号 x_1 表示积分的上限，即定积分截取曲线的右侧端点。由 $[x_0, x_1]$ 构成的区间称之为积分区间，即表示定积分是截取了无限长曲线的哪一部分区域。第二，积分得出的函数 $f(x)$ 没有常数项 C，这是因为定积分计算方法的关系。

对于一个定积分，其计算方法可以使用牛顿-莱布尼茨公式进行计算。直观上来看，不定积分的几何意义表示从左到右的面积函数变化，那么右端点 x_1 所对应的面积函数减去左端点 x_0 对应的面积函数，就得到了面积函数在这个区间上的变化，即具体的面积。因此，该区域的面积可以表示为：

$$F(x_1) - F(x_0) = \int_{x_0}^{x_1} f'(x)\mathrm{d}x \tag{2-33}$$

这样，区域的面积就表示为两个原函数的相减，如此，常数项 C 也可以被消去。从而，可以得到定积分的计算方法：首先根据不定积分的运算法则计算出原函数，随后代入积分的上限和下限到原函数中，并将其相减，就得到了积分的数值。

【例 2-8】计算定积分：$\int_1^6 \left(\dfrac{1}{x^2} + 3x - 3 + \dfrac{1}{x} \right) \mathrm{d}x^2$

【解】根据例 2-7，可以得到对应的原函数 $F(x) = 2\left(\ln|x| + x^3 - \dfrac{3}{2}x^2 + x \right) + C$。

而由于积分区间为 $[1,6]$，因此根据牛顿-莱布尼茨公式，可以将上下限分别代入 $F(x)$ 中，得出：

$$\begin{cases} F(1) = 2(0 + 1 - 1.5 + 1) + C = 1 + C \\ F(6) = 2(\ln 6 + 216 - 81 + 6) + C = 285.58 + C \end{cases} \tag{2-34}$$

随后，将二者相减，可以得出定积分的具体数值：

$$f(x) = F(6) - F(1) = 284.58 \tag{2-35}$$

2.1.3 神经元模型

目前，人工智能的主流研究方向为机器学习，其中又以深度学习为代表。深度学习常用神经网络作为其工具，神经网络可以拟合一些特定的函数，从而完成图像的特征提取、分类、分割、检测等任务。而深度学习中使用的神经网络工具最小单元为神经元，这种神经元包含多种形式，但与人类的神经元相差较大。人类的神经元包括细胞体和突起两个部分，细胞体又由细胞膜、细胞质、细胞核、细胞液等构成，其主要功能是整合输入的信息，进行非线性运算并进行输出；而输入、输出起到连接神经元作用的部分就是突起，突起包括树突和轴突两部分，树突一般用来接收其他神经元的输入，轴突一般用来将细胞体处理后的信息传递向其他神经元。这样，就可以归纳出人类神经元处理信号的三个步骤：输入、整合、输出。

对于人工神经元，即用于计算机神经网络中的神经元，其模仿的不是人类神经元的具体结构，而是其功能，其模型如图 2-6 所示。

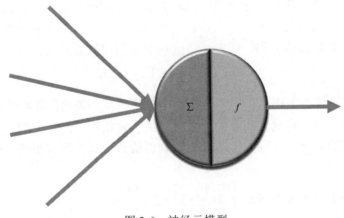

图 2-6　神经元模型

图 2-6 中，左侧箭头表示加权输入。在人类神经元中，树突可以连接多个

轴突，从而可以接受来自不同神经元的信息，是一个多输入的表示。然而，对于某个细胞 c_i，其前方的细胞 c_j 对其影响最大，那么 c_i 接受 c_j 的输入也就越多。换言之，对于 c_i 而言，c_j 占有较大的权重，那么其他细胞的权重也就相应减小。因此，对于人工神经元而言，也需要模仿这样一个加权输入的过程。

中间左侧的区域表示求和，对应于人类神经元中的信息整合过程。由于输入是加权输入，因此求和的过程也为加权求和过程，可以表示为：

$$\sigma = \sum w_i x_i \tag{2-36}$$

式中，w_i 表示每条输入路径的权重；x_i 表示来自其他细胞的输入。

此外，在人类细胞中的转录、翻译等过程均不能使用线性函数或矩阵等元素表示，是一个非线性的过程。为了表征这种非线性过程，需要设计激活函数，即一种非线性的函数，表示对整合后的信息进行非线性的运算，最后输出。另外，激活函数还可以防止表示缺失的问题。如果没有激活函数，在多个神经元串联，组成多个神经元时，设第 i 个神经元的输出为 o_i，则有：

$$o_n = w_{ni}\left(\ldots\left(w_{2i}\left(w_{1i}\left(w_{1i}o_1\right)\right)\right)\right) = W o_1 \tag{2-37}$$

可以看出，多个神经元在不增加激活函数时，仍然可以化简为一个线性变换，因此多个神经元在不增加激活函数时，仅能表示一个线性变换，不能拟合更加复杂的函数。而如果增加激活函数，例如前面提到的 Sigmoid 激活函数，则叠加两层后，其拟合的表达式可以表示为：

$$o_2 = \frac{1}{1+e^{-\sum w_i \frac{1}{1+e^{-\sum w_i x_i}}}} \tag{2-38}$$

可以看出，仅叠加了两层，其表达式已经非常复杂，因此多个具有激活函数的神经元串联连接，那么就可以表达非常复杂的函数了，这样对于整个任务的完成都有促进性作用。

常见的激活函数包括前面已经介绍过的 Sigmoid 激活函数，还有 ReLU 激活函数、Tanh 激活函数、Softplus 激活函数等。

Sigmoid 激活函数可以将任意输入映射至[0,1]区间内，可以起到归一化的效果，一般用于计算某个事件概率。而如果直接作为激活函数，则由于其值很容易接近-1 或 1，因此在进行神经网络的优化过程容易造成梯度消失的问题。

ReLU 函数经常用于神经元的激活函数，其表达式为：

$$R(x) = \begin{cases} x, x \geqslant 0 \\ 0, x < 0 \end{cases} \tag{2-39}$$

可以看出，其表达式相对于 Sigmoid 函数更加简单，因此具有运算量小的优点。但其非线性程度不强，在 $\forall w_i x_i > 0$ 的时候，仍然相当于一个线性变换，因此需要分场合使用。

Tanh 激活函数的表达式为：

$$Tanh(x) = \frac{\sinh(x)}{\cosh(x)} = \frac{e^x - e^{-x}}{e^x + e^{-x}} \tag{2-40}$$

可以看出，其与 $S(x)$ 具有一定的相似性。首先，Sigmoid 函数的值域为[0,1]，而 Tanh 函数的值域为[-1,1]，因此这二者都具有一定的归一化功能，可以分别将数据归一化到[0,1]区间内或[-1,1]区间内，但二者的不同点在于均值和奇偶性。Tanh 函数为关于(0,0)奇对称的函数，而 Sigmoid 函数为关于 y=0.5 奇对称的函数，其图像如图 2-7 所示。

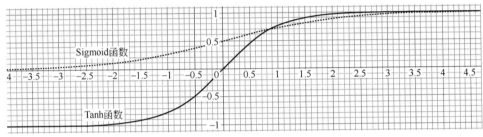

图 2-7　Sigmoid 函数与 Tanh 函数图像

从图 2-7 中也可以看出，Tanh 函数的表达形式比 Sigmoid 函数更加复杂，因此计算量消耗也更大，并且当输入较小或较大时，会出现 Tanh 的数值很接近-1 或 1 的情况，即造成梯度消失的问题。但 Tanh 和 Sigmoid 函数的非线性映射程度均比 ReLU 强，对于各个范围内的数据均可以进行较强的非线性映射，并且 Tanh 函数还可以产生负的激活值，这是其他激活函数所不具有的特性，这可以在一定程度上增加神经元输出的数值范围。而实际使用时，Tanh 函数主要用于长短期记忆网络等特殊场合。

除了 Sigmoid 函数、Tanh 函数和 ReLU 函数之外，Softplus 函数则结合了 Sigmoid 函数、Tanh 函数和 ReLU 函数的优点，其表达式为：

$$Sp(x) = \ln(1 + e^x) \tag{2-41}$$

与 ReLU 函数一起，作出函数图像如图 2-8 所示。

从图 2-8 中可以看出，Softplus 函数实际上是 ReLU 的平滑版本。其值域（函数因变量的取值范围）与 ReLU 函数相同，为[0,+∞)，因此不会存在梯度消失的问题。并且，对于 ReLU 函数，在 $x<0$ 时，其数值均为 0，Softplus 函数很好地解决了这个问题，因为在 $x<0$ 时，Softplus 函数的取值不为 0，仍然存在具体的取值，这也可以进一步避免梯度消失的问题。尽管如此，Softplus 函数仍然存在计算量较大的问题，并且不能产生负的激活值。

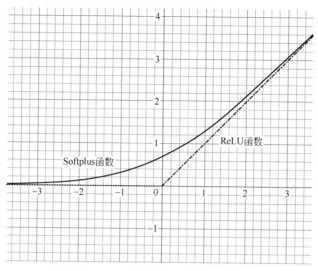

图 2-8　ReLU 函数与 Softplus 函数图像

那么，既然很多激活函数都会出现"梯度消失"的问题，首先就需要具体地了解一下梯度消失问题及规避方法，而要了解"梯度消失"这个问题，首先需要了解什么叫做"梯度"，再了解其为何"消失"。

对于一般的一元函数而言，其梯度就是其导数。而对于多元函数而言，其梯度是函数对所有自变量求偏导数所构成的一个元组。例如，对于 f=身高(年龄,运动量)而言，其梯度可以表示为：

$$G(年龄, 运动量) = \left(\frac{\partial 身高}{\partial 年龄}, \frac{\partial 身高}{\partial 运动量} \right) \tag{2-42}$$

如此，梯度也可以看成是一个向量的坐标表示，其每个坐标对应的就是函数在对应坐标轴上的偏导数，其物理含义表示多元函数变化最快的方向，变化的数值相当于梯度的模，即：

$$f(x + \mathrm{d}x) = f(x) + G(x) \tag{2-43}$$

【例 2-9】求下列函数的梯度：

（1）$R(x)$。

（2）$Sp(wx)$，其中 w,x 均为自变量，顺序为 (x,w)。

（3）$S(S(S(S(S(x)))))$，其中，$x = x_0 = 1$。

（4）$R(R(R(R(R(x)))))$，$x = x_0 = 1$。

（5）$Sp(Sp(Sp(Sp(Sp(x)))))$，$x = x_0 = 1$。

【解】（1）由 ReLU 函数的定义可知其为一个分段函数，因此需要分段求导，可以求得：

$$G(x) = R'(x) = \begin{cases} 1, x \geqslant 0 \\ 0, x < 0 \end{cases} \qquad (2\text{-}44)$$

可以看出，ReLU 函数及其导数形式较为简单，而导数就是一元函数的梯度，因此 ReLU 函数的梯度也较为简单。

（2）首先，由 Softplus 函数的定义，可以将自变量代入函数，得到其表达式为：

$$Sp(wx) = \ln(1 + e^{wx}) \qquad (2\text{-}45)$$

这是一个多元函数，含有两个自变量，因此要求其梯度，需要分别对两个自变量求偏导。首先，应画出其链式求导图：

$$c \longrightarrow b \longrightarrow a \longrightarrow x, w$$

其中，各个子函数的表达式为：

$$\begin{cases} a = e^{Cx,w} \\ b = 1 + a \\ c = \ln b \end{cases} \qquad (2\text{-}46)$$

其中，由于自变量 x, w 是直接相乘关系，并且仅出现与函数 a 中，因此对 x 求导与对 w 求导的链式求导图相同。从而，可以将函数分别对 x 和 w 求导，其偏导数分别为：

$$\begin{cases} \dfrac{\partial Sp}{\partial x} = \dfrac{1}{1 + we^{wx}} \\ \dfrac{\partial Sp}{\partial w} = \dfrac{1}{1 + xe^{wx}} \end{cases} \qquad (2\text{-}47)$$

而梯度实际上是一个元组或称为一个向量，因此，需要将该偏导数按照坐标 (x, w) 组成一个向量：

$$\boldsymbol{G}(w, x) = \left(\frac{1}{1 + we^{wx}}, \frac{1}{1 + xe^{wx}} \right) \qquad (2\text{-}48)$$

这便是在具有多个自变量情况下 Softplus 函数的梯度。而实际上，如果 Softplus 仅接收一个自变量，其梯度与 Sigmoid 函数相同。因此可以将 Softplus 函数看成是 Sigmoid 函数进行一次积分后所得的函数。

（3）对于这道题，由于仅有一个自变量，并且复合的函数均完全相同，因此进行链式法则时，只需将每个 $S(t)$ 求导后进行相乘即可求出该函数的梯度。如果直接进行求解，那么最后的表达式会非常复杂，因此，可以一边代入，一边求解，从内而外分别求梯度。该函数从内到外一共五层，每一层均为 Sigmoid 函数，因此每一层的导数形式均为：

$$S'(x) = \frac{e^{-x}}{(1+e^{-x})^2} \tag{2-49}$$

第一层，将 x_0 代入导数表达式，得 $a = S'(x_0) = 0.1966$。对第二层，将 a 代入导数表达式，得出 $b = S'(a) = 0.2475$。以此类推，第三、第四、第五层的导数分别为：$c = 0.2462, d = 0.2463, e = 0.2463$。因此，该函数的最终梯度为：

$$G(x_0) = f'(x_0) = abcde = 7.26 \times 10^{-4} \tag{2-50}$$

可以看出，叠加多个 Sigmoid 函数就会导致最后一层的梯度减小，甚至消失，这便是梯度消失问题。梯度消失对神经网络的影响是巨大的，神经网络的学习就是通过梯度这一信息进行的，梯度越大，那么神经网络的学习也就越快，因此梯度为 0 的现象，应该避免。在实际应用时，应避免多层同时使用 Sigmoid 激活函数，应选用 ReLU 函数或 Softplus 函数。

（4）多个 ReLU 函数叠加时，仍然采用边代入边计算的方法，由于 $x > 0$，因此 $R'(x)$ 始终为 1，因此多个 ReLU 激活函数叠加的结果仍然为 1。因此，其梯度：

$$G(x_0) = f'(x_0) = 1 \times 1^5 = 1 \tag{2-51}$$

（5）由于 Softplus 函数的导数与 Sigmoid 函数相同，因此如果采用边代入边计算的方法，那么其各复合函数的导数应为：

$$Sp' = \frac{1}{1+e^{-x}} \tag{2-52}$$

分别将每一层代入该导数表达式，可知其导数分别为：$a = 0.7311$，$b = 0.6750$，$c = 0.6626$，$d = 0.6598$，$e = 0.6592$。从而，函数的总梯度为：

$$G(x_0) = f'(x_0) = abcde = 0.1422 \tag{2-53}$$

可以看出，相比叠加多层 Sigmoid 函数，多次叠加 Softplus 函数虽然会让梯度减小一些，但减小的幅度不算太大，最后一层仍然存在梯度，因此 ReLU 函数和 Softplus 函数都有助于减小梯度消失，可以采用。

综上，梯度消失问题的成因是连续使用 Sigmoid 或 Tanh 等激活函数，导致嵌套多层函数后，某些层的梯度无论输入的数值大小，梯度均接近 0 的现象。规避梯度消失问题的方法是连续使用 ReLU 函数或 Softplus 激活函数。

2.1.4 多层感知机与全连接层

感知机代表多个神经元按照某种并行方式进行的组合。上一节中，已经介绍了神经元，其包括加权输入、求和、激活函数并输出三个步骤，其输出与输入的关系为：

$$y = f\left(\sum w_i x_1\right) \tag{2-54}$$

而这只是一个神经元的输入与输出关系，根据感知机的概念，一个神经元也可以被称为一个感知机。而对于多个神经元构成的感知机，其物理组成根据感知机的概念可绘制如图 2-9 所示。

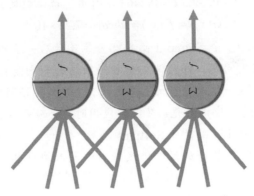

图 2-9 单层感知机模型

可以看出，对于含有 k 个神经元的感知机，其输入数量可以不确定，但其输出数量一定为 k 个。感知机之间也可以通过串行连接而成，这样就构成了多层感知机。但在讨论多层感知机之前，首先应研究由两个神经元构成的单层感知机，再推广到任意神经元的单层感知机，最后推广到多层感知机，即神经网络的全连接层。

对于一个包含两个神经元的感知机，其物理结构如图 2-10 所示。

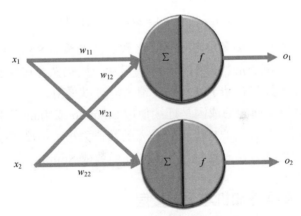

图 2-10 包含两个神经元的感知机

为了后续计算方便，规定输入 x_i 连接的第 j 个神经元的权重为 w_{ji}，神经元的输出为 o_j，从而，根据神经元模型的计算方法，对于第一个神经元，其输出为：

$$o_1 = f\left(w_{11}x_1 + w_{12}x_2\right) \tag{2-55}$$

同理，对于第二个神经元，其输出为：

$$o_2 = f\left(w_{21}x_1 + w_{22}x_2\right) \tag{2-56}$$

对比式(2-55)和式(2-56)，可将各自激活函数前的输入写成矩阵的形式，有：

$$\begin{cases} o_1 = f\left[\left(w_{11}, w_{12}\right)\begin{pmatrix} x_1 \\ x_2 \end{pmatrix}\right] \\ o_2 = f\left[\left(w_{21}, w_{22}\right)\begin{pmatrix} x_1 \\ x_2 \end{pmatrix}\right] \end{cases} \tag{2-57}$$

而观察到经过激活函数前的输入形式均为权值向量乘以输入向量，且对于两个神经元，其输入向量均相同。因此，假设两个神经元的激活函数均相同，那么两个神经元的输出和输入可以直接化简为矩阵乘积的形式：

$$\begin{pmatrix} o_1 \\ o_2 \end{pmatrix} = f\left[\begin{pmatrix} w_{11} & w_{12} \\ w_{21} & w_{22} \end{pmatrix}\begin{pmatrix} x_1 \\ x_2 \end{pmatrix}\right] \tag{2-58}$$

这便是含有两个神经元的感知机的输出计算公式。激活函数括号内第一项称之为权重矩阵，第二项称之为输入向量。因此，对于含有两个神经元的感知机而言，其计算公式仍可以写成 $y = wx$ 的线性形式。如果将其推广到输入向量为 $(x_1, x_2, \cdots, x_n)$ 的含有 n 个神经元的感知机时，其输出和输入的关系为：

$$\begin{pmatrix} o_1 \\ \vdots \\ o_n \end{pmatrix} = f\left[\begin{pmatrix} w_{11} & \cdots & w_{1n} \\ \vdots & \ddots & \vdots \\ w_{n1} & \cdots & w_{nn} \end{pmatrix}\begin{pmatrix} x_1 \\ \vdots \\ x_n \end{pmatrix}\right] \tag{2-59}$$

而有时，会遇到输入向量维度与输出向量维度不相等的情况，例如有 k_1 个输入，k_2 个输出。此时，只需要将输入与输出不相同的输入向量变为 0，对应连接的权重也变为 0，再套用式(2-59)进行计算就可以了。

对于多个感知机串行连接的多层感知机，可从一个每层含有两个神经元的两层感知机开始研究，其模型如图 2-11 所示。

图 2-11 中，w 和 x 的第一个下标表示层数，第二层的权值略去。对于第一层感知机，可以求得其输出 (x_{21}, x_{22})。而第二层感知机实际上是将第一层感知机的输出作为其输入，因此，对于第二层感知机，同样可以按照单层感知机的公式进行计算。实际上，对于多层感知机，其计算总是按照一层层的顺序套用公式进行计算的。对于不同层，由于激活函数的存在，因此不能同时计算。而这种一层层计算感知机输入和输出的过程称之为多层感知机的前向传播。

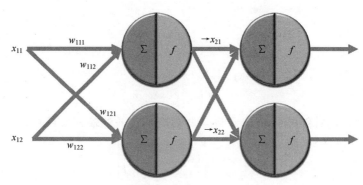

图 2-11　两层感知机模型

【**例 2-10**】已知三层感知机，第一层输入向量长度为 1，且非 0 维度输入为 $x_0 = 2$，连接包含 3 个神经元的第一层感知机。随后，将第一层感知机的输出连接到包含 3 个神经元的第二层感知机。最后，将第二层感知机的输出连接到包含 1 个神经元的第三层感知机。最后，将第三层感知机的输出作为最终输出。

（1）画出该多层感知机的结构图。

（2）假设第一层激活函数为 ReLU 激活函数，第二、三层激活函数均为 Signoid 函数，权值统一按照如下矩阵进行对位安放：

$$W = \begin{pmatrix} 0.1 & 0.2 & 0.3 \\ 0.4 & 0.5 & 0.6 \\ 0.7 & 0.8 & 0.9 \end{pmatrix} \tag{2-60}$$

如果权值矩阵某些位置不存在，那么对应位置以 0 占位。

【**解**】（1）根据题目描述，可以顺次画出感知机模型，如图 2-12 所示。

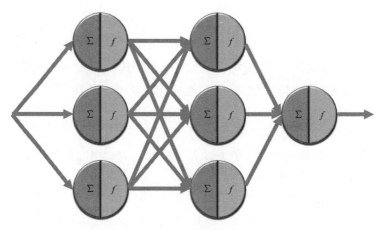

图 2-12　例 2-10 图

（2）规定输入和权值矩阵第一个下标表示层号 l，因此有规定输入 x_{li} 连接

的第 j 个神经元的权重为 w_{lji}。

对第一层，由于输入向量的长度为 1，而输出为 3，那么首先需要将输入向量的维度扩充为三维，扩充方法不唯一。假设占位输入/输出向量非 0 数值在第一个维度，那么扩充后的输入向量为 $(x_{11},0,0)^{\mathrm{T}}$。

随后，需要写出对应的权值矩阵。由于非 0 输入仅对第一层的三个神经元连接，因此 w_{111},w_{121},w_{131} 均不为 0，而权值矩阵的其余元素均为 0。根据权值矩阵的排列方法，有：

$$W_1 = \begin{pmatrix} w_{111} & w_{112} & w_{113} \\ w_{121} & w_{122} & w_{123} \\ w_{131} & w_{132} & w_{133} \end{pmatrix} = \begin{pmatrix} 0.1 & 0 & 0 \\ 0.4 & 0 & 0 \\ 0.7 & 0 & 0 \end{pmatrix} \tag{2-61}$$

因此，可以计算出第一层的输出，也即第二层的输入为：

$$\begin{pmatrix} x_{21} \\ x_{22} \\ x_{23} \end{pmatrix} = R\left[\begin{pmatrix} 0.1 & 0 & 0 \\ 0.4 & 0 & 0 \\ 0.7 & 0 & 0 \end{pmatrix}\begin{pmatrix} 2 \\ 0 \\ 0 \end{pmatrix}\right] = \begin{pmatrix} 0.2 \\ 0.8 \\ 1.4 \end{pmatrix} \tag{2-62}$$

第二层与第三层之间的输入和输出神经元个数均为 3 个，因此权值矩阵没有非 0 数值占位，可以直接根据公式计算第二层神经元的输出，即第三层神经元的输入：

$$\begin{pmatrix} x_{31} \\ x_{32} \\ x_{33} \end{pmatrix} = R\left[\begin{pmatrix} 0.1 & 0.2 & 0.3 \\ 0.4 & 0.5 & 0.6 \\ 0.7 & 0.8 & 0.9 \end{pmatrix}\begin{pmatrix} x_{21} \\ x_{22} \\ x_{23} \end{pmatrix}\right] = \begin{pmatrix} 0.6 \\ 1.32 \\ 2.04 \end{pmatrix} \tag{2-63}$$

对第三层神经元，其输入均不为 0，而输出仅为一个非 0 数值。假设输出的非 0 数值在第一个分量，将第三层神经元的输出扩充为 $(y,0,0)$，扩充方法不唯一。而由于第 i 个输入均有连接第 1 个神经元，因此根据权值矩阵的概念，$w_{31i} \neq 0$ 而其余权重均为 0。此时，权值矩阵的形式为：

$$W_3 = \begin{pmatrix} w_{311} & w_{312} & w_{313} \\ w_{321} & w_{322} & w_{323} \\ w_{331} & w_{332} & w_{333} \end{pmatrix} = \begin{pmatrix} 0.1 & 0.2 & 0.3 \\ 0 & 0 & 0 \\ 0 & 0 & 0 \end{pmatrix} \tag{2-64}$$

因此，第三层感知机的输出为：

$$\begin{pmatrix} y \\ 0 \\ 0 \end{pmatrix} = R\left[\begin{pmatrix} 0.1 & 0.2 & 0.3 \\ 0 & 0 & 0 \\ 0 & 0 & 0 \end{pmatrix}\begin{pmatrix} 0.6 \\ 1.32 \\ 2.04 \end{pmatrix}\right] = \begin{pmatrix} 0.936 \\ 0 \\ 0 \end{pmatrix} \tag{2-65}$$

这就是多层感知机包含多个神经元时的计算方法。可以发现，第一、二层感知机中，每个神经元均分别连接了下一层的所有神经元，连接非常致密，并且无法找到缺失的连接，即连接包含了所有的组合。根据这种连接特性，多层感知机也被称为全连接层。

2.1.5 损失函数

通过多层感知机可以计算神经网络的输出，但仅计算输出，不进行反馈，神经网络也就成了一个开环的系统，不能进行任何工作。因此，神经网络需要进行反馈。但在进行反馈前，首先需要弄清楚输出的含义，如果不清楚输出的具体含义，那么也就不知道反馈的方向，神经网络同样也就不能工作了。而输出的含义是根据具体任务而定的，因此需要一个可以表征输出含义的表达式。例如，如果某个任务希望神经网络可以输出 $y = (5,0,0)$ 这个向量，但是实际神经网络的输出为 $\hat{y} = (1.4,0,2)$。那么对于这个任务而言，就需要让神经网络的输出不断达到该任务所希望的输出。因此，可以定义一个函数：

$$L = \left| y - \hat{y} \right| \tag{2-66}$$

根据数学知识，可以看出，神经网络的实际输出越接近于期望输出，那么 L 就会越小。也就是说，神经网络的反馈方向是向着 L 减小的方向进行。因此，L 函数就明确了神经网络输出的具体含义，规定了神经网络的反馈方向，也表示了实际输出和期望输出的差异，称之为损失函数。

损失函数的形式可以是多种多样的，只要满足损失函数的定义即可。例如式(2-66)就称之为 $L1$ 损失。而对上例而言，损失函数：

$$L2 = \sqrt{\sum_i (y_i - \hat{y}_i)} \tag{2-67}$$

也可以表征实际输出和期望输出的差异，并且该损失越小，实际输出和期望输出的差异也就越小，该损失函数称之为 $L2$ 损失。

对分类问题而言，其期望输出是一个具体的类别信息。可以用一个整数表示，但直接定义关于整数的损失函数较为复杂，并且神经网络的输出一般为小数，且范围有限，因此在类别数较多的情况下，直接让神经网络可以输出一个大的整数（如 10000），还需要具有输出较小整数（1、2、3）等能力非常困难。

因此，可以将输出类别信息的问题转换为：对于一个需要分为 N 类的问题，定义输出为一个长度为 N 的向量。将第 I 类的表示输入神经网络，期望输出向量仅在第 I 个分量为 1，其余分量均为 0。例如，对于需要分为 3 个类别的垃圾分类而言（厨余垃圾、有害垃圾、可回收物），其输出向量对应的索引分别为 0、1、2。如果向神经网络输入矿泉水瓶，那么其期望的输出应为 [1,0,0]，这是因为矿泉水瓶属于可回收物，因此输出向量中的可回收物的索引值应该为 1，其余为 0。注意这里的"1"和"0"也可以理解为概率，即将分类问题转换为期望输出向量中的正确分类概率为 1，错误分类概率为 0。

对于这样的分类问题，一般采用交叉熵损失函数，因为交叉熵损失函数可以度量两个分布概率之间的相似程度。由于其期望输出的每个分量要么为 1，要么为 0，那么对于神经网络，要输出概率，其全连接层的最后一层的激活函数应为 Sigmoid 函数，以将输出控制在[0,1]范围内。随后，有交叉熵损失函数的定义式如(2-68)所示：

$$H = -\sum_{i=1}^{n} y_i \lg(\hat{y}_i) \tag{2-68}$$

式中，lg 表示以 10 为底的对数。

根据对数函数的性质可知，若两个概率的分布相差较大，那么其交叉熵损失函数的数值也就越大，如果两个概率的分布相差较小，损失函数也就较小。如此，如果两个概率分布完全相同，那么交叉熵损失的数值也达到了最小。对分类问题而言，如果其实际输出等于期望输出，并规定 $0\lg 0 = 0$，那么交叉熵损失的最小值为 0。

【例 2-11】若期望输出为 [0,1,0,0]，神经网络的实际输出为 [0.3,0.8,0.2,0.1]，分别计算 $L1$、$L2$、H 损失。

（1）根据 $L1$ 损失的概念，可以计算其损失为：

$$L1 = |0 - 0.3| + |1 - 0.8| + |0 - 0.2| + |0 - 0.1| = 0.8 \tag{2-69}$$

（2）根据 $L2$ 损失的概念，其损失为：

$$L2 = \sqrt{(0 - 0.3)^2 + (1 - 0.8)^2 + (0 - 0.2)^2 + (0 - 0.1)^2} = 0.424 \tag{2-70}$$

（3）根据交叉熵损失函数的概念，将实际输出和期望输出代入式(2-68)，得：

$$H = -[0\lg(0.3) + 1\lg(0.8) + 0\lg(0.2) + 0\lg(0.1)] = 0.223 \tag{2-71}$$

可以看出，对于同一个期望输出和实际输出，使用不同损失函数所计算出的结果是不同的。此外，对于分类问题使用交叉熵损失函数的计算结果是将非 0 分量的实际输出取自然对数的负数，如此可以省去计算其他分量，减小计算量。

对于不同任务，有时既需要考虑分类问题，又需要考虑回归（即生成一个向量），此时可以将不同损失函数结合起来，并进行一定加权，如式所示：

$$L = \sum w_i L_i \tag{2-72}$$

但要注意损失函数的趋势应相同。因为某些损失函数的数值并不是越小越精确，有些损失函数的数值是越大越精确的，比如 SSIM 结构化损失函数等。

对于这一类损失函数，可以将其等效为 $K-Li$，其中 K 为该损失函数所能达到的最大值。这样损失函数就可以做到趋势统一。

2.1.6 神经网络的优化

在学生学习过程中，为了应对考试，在考前学生们需要完成一系列卷子，做完卷子后，需要把做错的地方回溯到具体的知识点，并将其学会。这样，成绩才会有所提升。神经网络也是通过这样的机制进行学习的。

对于一般全连接层而言，在进行多层感知机的运算（即完成卷积）和损失的计算（即对答案）后，接下来就需要通过某种算法，将损失（即误差）分配到每一个神经元上（即回溯知识点），这种算法称之为误差反向传播算法。而对应神经元的表示，就是权重。因此神经网络的更新是通过不断调整网络内部的权重来达到的。

那么，神经网络调整权重的规则又是什么呢？本节先从一元函数开始，假定损失函数是 $L2$ 损失，逐步推导出反向传播算法及优化方法，再推广到全连接层中。

假定一元函数的实际输出为 $\hat{y}$，期望输出为 y，损失为 L，那么根据 $L2$ 损失的概念，对于不同的 $\hat{y}$，其变化如图 2-13(a)所示。

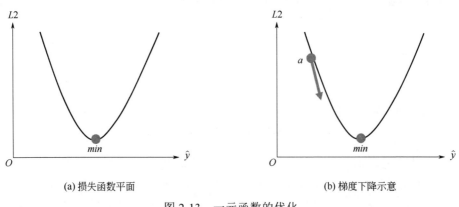

(a) 损失函数平面   (b) 梯度下降示意

图 2-13　一元函数的优化

由损失函数的意义可知，需要让实际输出不断接近于期望输出，即让损失函数的数值不断减小。因此，在图像中可以找到一元函数的损失函数的最小值为 min。而如果此时通过神经网络输出的数值对应的损失为 a，如图 2-13(b)所示，那么要想到达最小值 min，则需要沿着函数的方向下降，即在一定的程度上增大 $\hat{y}$ 才可以使损失达到最小。而问题就在于应该在多大的程度上增加 $\hat{y}$，一种思路是以某个速率 α 逐渐调整参数以增大 $\hat{y}$，在移动 i 次后，若出现

$\hat{y}_{i+1} > \hat{y}_i$ 则暂停参数的调整。这样做的问题在于仅适用于函数较为简单的神经网络，对于多元函数实用性较差。还有一种思路是从损失函数出发调整 $\hat{y}$，即让 a 下降一定的距离，对应调整 $\hat{y}$，这种思路更加符合神经网络的工作原理，即通过损失函数反馈给其输入。

选取让 a 下降的距离很关键，每次下降的距离过大，那么就容易跳过极小值 min，而过小则需要移动更多的步数来达到极小值 min。由于较小的步长虽然移动次数较多，但不易跳过极小值 min，因此通常都采用较小的步长，一般为 0.001 或 0.0001。在这样的步伐规定下，函数可以看成是由多个线段所构成的，如图 2-14 所示。

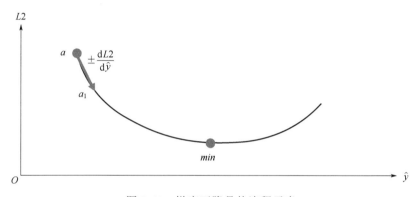

图 2-14　梯度下降具体流程示意

根据导数的概念，导数代表函数在某点处的斜率，因此可以对该点求斜率，如果斜率为正，则向着斜率相反的方向为下降的方向。而如果斜率为负，则向斜率相同的方向为下降的方向。

因此，a 点处的斜率根据图示为 $k = \dfrac{\mathrm{d}L2}{\mathrm{d}\hat{y}} < 0$，即下降的方向。而有了下降的方向，就需要向该方向前进一段距离 α，如此，a 点就前进到了 a_1 点所在的位置。因此，神经网络的优化过程的本质是不断求梯度，根据梯度方向得出前进的方向，再取一段前进的距离 α，更新的数值为：

$$\Delta \hat{y} = -\alpha \frac{\mathrm{d}L2}{\mathrm{d}\hat{y}} \tag{2-73}$$

从中可以发现，使损失函数下降的方向总是与每个权值梯度的方向相反，因此负号表示下降方向总是与梯度的方向相反，这种算法称之为梯度下降算法。对多元函数而言，其导数则需要相应变为偏导数。整个反向传播和参数更新的过程，就归结为复合函数求梯度的过程。对于包含多个神经元的多层感知机而言，其权值矩阵和输入、输出向量之间的形状不相同，求导的结果需要进行一定的变换，较为复杂。因此在此仅介绍每层包含一个神经元的多层感知机。

对于任意一层感知机，其输入和输出的关系均为：

$$y = f(wx) = f(\tilde{C}) \tag{2-74}$$

式中，f 表示激活函数。为运算方便，规定中间变量 $\tilde{C}$ 表示权重和输入向量的乘积。如此，这样的多层感知机的总输出为：

$$y = f(f(f \cdots f(\tilde{C}_1)w_2) \cdots w_n) \tag{2-75}$$

因此，对于 w_n，在考虑损失函数的情况下，根据链式求导法则，其梯度为：

$$G(w_n) = \frac{\partial L}{\partial y} \times \frac{\mathrm{d}y}{\mathrm{d}\tilde{C}} \times \frac{\partial \tilde{C}}{\partial w_n} \tag{2-76}$$

可以看出，对于最后一层权重的梯度由三项乘积构成，分别是损失函数对输出的梯度，输出对最后一层加权求和部分的梯度，加权求和部分对 w_n 的梯度。这是因为最后一层权重需要乘上最后一层的输入向量,随后需要经过激活函数，最后计算损失函数，因此这三者是复合关系。而根据链式求导法则，可以绘制出多层感知机的传递路径如图 2-15 所示。

图 2-15　反向传播链式求导路径

根据图示，可以计算出任意一层权值权重的梯度为：

$$G(w_i) = \frac{\partial L}{\partial y_n} \times \frac{\mathrm{d}y_n}{\mathrm{d}\tilde{C}_n} \times \frac{\partial \tilde{C}_n}{y_{n-1}} \times \cdots \times \frac{\partial \tilde{C}_i}{\partial w_i} \tag{2-77}$$

这个过程同样与多层感知机的前向传播过程相反，但其不同在于反向传播过程是复合函数中的偏导数的连续乘积。而有了各权重的梯度，就可以使用梯度下降算法，分别更新每一层的权重，其更新规则可参见式(2-73)。但不同的是更新的是权值，而不是输出向量：

$$w_{i,k+1} - w_{i,k} = \pm \alpha G(w_{i,k}) \tag{2-78}$$

【例 2-12】若有多层感知机，第一层输入为 $x_0 = 0.2$，各层的权值分别为 $w_1 = 0.2, w_2 = -0.1, w_3 = 0.5$，激活函数均采用 Softplus 激活函数。期望输出 $y = 1.3$，损失函数采用 $L = (y - \hat{y})^2$，学习率 $\alpha = 0.1$。求一次完整的前向传播和反向传播及参数更新过程。

【解】（1）前向传播过程。根据多层感知机的前向传播公式，可以直接得到多层感知机的输出，分别分步计算为：

$$
\begin{cases}
\tilde{C}_1 = w_1 x_0 = 0.04 \\
y_1 = Sp(\tilde{C}_1) = 0.3098 \\
\tilde{C}_2 = w_2 y_1 = -0.03 \\
y_2 = Sp(\tilde{C}_2) = 0.2944 \\
\tilde{C}_3 = w_3 y_2 = 0.147 \\
\hat{y} = Sp(\tilde{C}_3) = 0.3342
\end{cases}
\tag{2-79}
$$

因此，多层感知机的输出为 $\hat{y} = 0.3342$。将其代入损失函数表达式，得损失的具体数值为：

$$
L = (0.3342 - 1.3)^2 = 0.9328 \tag{2-80}
$$

（2）要进行反向传播，首先需要求出损失函数对输出的偏导：

$$
\frac{\partial L}{\partial \hat{y}} = 2(\hat{y} - y) = -1.9316 < 0 \tag{2-81}
$$

随后，根据链式求导法则和公式(2-77)，可以分别求出每层权重的梯度，将表达式代入相应公式可以得到：

$$
\begin{cases}
G(w_3) = \dfrac{\partial L}{\partial \hat{y}} \times \dfrac{\partial \hat{y}}{\partial \tilde{C}_3} \times \dfrac{\partial \tilde{C}_3}{\partial w_3} = -1.9316 \times \dfrac{1}{1 + \mathrm{e}^{\tilde{C}_3}} \times y_2 = -0.2635 \\[3mm]
G(w_2) = \dfrac{\partial L}{\partial \hat{y}} \times \dfrac{\partial \hat{y}}{\partial \tilde{C}_3} \times \dfrac{\partial \tilde{C}_3}{\partial y_2} \times \dfrac{\partial y_2}{\partial \tilde{C}_2} \times \dfrac{\partial \tilde{C}_2}{\partial w_2} = -1.9316 \times \dfrac{1}{1 + \mathrm{e}^{\tilde{C}_3}} \times w_3 \times \dfrac{1}{1 + \mathrm{e}^{\tilde{C}_2}} \times y_1 = -0.070 \\[3mm]
G(w_3) = \dfrac{\partial L}{\partial \hat{y}} \times \dfrac{\partial \hat{y}}{\partial \tilde{C}_3} \times \dfrac{\partial \tilde{C}_3}{\partial y_2} \times \dfrac{\partial y_2}{\partial \tilde{C}_2} \times \dfrac{\partial \tilde{C}_2}{\partial y_1} \times \dfrac{\partial y_1}{\partial \tilde{C}_1} \times \dfrac{\partial \tilde{C}_1}{\partial w_1} = 2.225 \times 10^{-3}
\end{cases}
$$

$$\tag{2-82}$$

（3）参数的更新。根据梯度下降算法，可以根据梯度分别更新每一层的权重：

$$
\begin{cases}
w_{3,1} = w_3 - \alpha G(w_3) = 0.5 - 0.1 \times (-0.2635) = 0.52635 \\
w_{2,1} = w_2 - \alpha G(w_2) = (-0.1) - 0.1 \times (-0.070) = -0.093 \\
w_{1,1} = w_1 - \alpha G(w_1) = 0.2 - 0.1 \times 2.225 \times 10^{-3} = 0.1998
\end{cases}
\tag{2-83}
$$

这便是更新之后的权重。如果使用新的权重，固定输入不变，再次进行前向传播过程，可得新的神经网络实际输出为：

$$
\hat{y}_1 = Sp\left\{ Sp\left[Sp(0.1998 \times 0.2) \times (-0.093) \right] \times 0.52635 \right\} = 0.3360 \tag{2-84}
$$

可以发现，神经网络的输出增大了一些，相比于目标输出靠近了一点，但实际输出增大得不是很多，这是由于学习率、权重、激活函数共同作用的结果。因此，神经网络需要多次进行前向传播、反向传播和参数更新，才可以达到期望输出。此外，除了梯度下降的方法外，更新参数还有其他的方法，例如 Adam 方法、adagrad 方法等，这些方法在 Python 中的神经网络开发工具 Pytorch 模块均有现成的函数进行调用，其代码格式为（以 Adam 优化器为例）：

```
import torch
optimizer=torch.optim.Adam(parameters,lr)
```

其中，parameters 表示需要优化的模型参数所构成的向量或矩阵，即矩阵中的每个参数都需要进行参数的更新。例如，在上一例中，优化的参数为 $[w_1, w_2, w_3]$。参数 lr 表示学习率，即 α。

2.2 事件相机的概念及原理

与 RGB 相机不同，事件相机指的是能以某种规则输出事件信息的相机。事件信息就是包含了 (x, y, t, p) 四个元组的一个元组，亦可看作尺寸为 $(1, 4)$ 的向量。而事件相机输出事件的规则和人眼类似，是通过光照的变化，或是物体的变化来输出事件的。

当一个人在一个画面静止的空间中，例如美术馆或博物馆，突然遇到一个运动的物体，例如一个小孩，目光就会不自觉地转移到运动物体上。不仅是人类，对于大自然很多生物，例如猫、青蛙等，对于静止的物体，它们无法观测到，而如果一个物体运动，它们就可以轻易捕捉到。

在计算机视觉中，画面中物体的变化表征为画面在物体变化的区域的光照强度发生了变化。因此实现输出物体变化区域的途径就是计算该区域光照强度的变化，事件相机就是根据这一过程在光照强度变化的地方或物体运动的地方输出事件信息的。传统 RGB 图像及事件相机对应捕捉到的图像如图 2-16 所示，其中，事件信息经过了一定可视化编码。

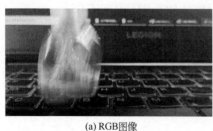

(a) RGB图像　　　　　　　　　　　　(b) 事件可视化

图 2-16　RGB 图像与事件信息

但是"光照变化"这一概念过于笼统，对于事件相机而言，需要定量确定光照变化，才能够确定 (x,y,t,p) 表示的含义。其主要思想是设定某一个阈值，当光照强度变化达到某个阈值的时候，输出事件信息。而光照的变化又可以分为光照强度增加和光照强度减少两种情况，这两种情况便是事件信息中的极性 p 所代表的含义。当光照强度增加，超过某一阈值 C 时，输出事件信息中的极性 $p=1$；而如果光照强度减弱，超过某一阈值 $-C$ 时，输出事件极性 $p=-1$。因此，可以建立事件相机输出事件信息的规则，如式(2-85)所示。

$$\begin{cases} \Delta I_k \geqslant +C, p=+1 \\ \Delta I_k \leqslant -C, p=-1 \end{cases} \tag{2-85}$$

式中，ΔI_k 表示光照强度的变化；C 表示阈值。

事件相机与普通 RGB 相机的另一个不同点在于事件相机具有异步性，也就是说每个像素是相互独立的，可以独立应用事件信息输出规则[式(2-85)]进行事件信息的输出，即只要某个像素在某时刻光照强度变化超过了阈值，那么就可以独立地输出事件，无须依赖于其他像素的输出状态。而每个像素的坐标可由两个独立坐标 (x,y) 决定，这便是事件信息中 (x,y) 的含义，表示输出事件的像素坐标。

对于最后一个未知量 t 而言，则牵扯到事件相机与 RGB 相机的第三个不同点，也就是内部计时机制。如果规定事件相机开机时的时间为 $t_0=0$，其单位可以为微秒或纳秒，而不是像 RGB 相机的录像功能是以秒为单位的，那么就可以定义一个计时器，从开机开始不断计时。而如果在开机后的第 t_i 个时间单位时在某个像素产生了事件信息，那么 $t=t_i$ 就会被写入在事件信息中，也就是说 t 记录的是事件产生的时间戳，即相对于事件相机开机的时间。这样做的好处在于事件信息可以分出先后顺序，后续可以方便处理，就如同 RGB 相机的录像功能一样。但需要注意的是，事件相机的时间戳也不是连续的，受传感器的传输时间影响，其 1s 内可以产生 2000～10000 个时间戳（大约相当于 1s 输出 $2 \times 10^6 \sim 1 \times 10^8$ 个事件），也就是说事件相机产生的时间戳必须是 $\left[\dfrac{1}{2000}s, \dfrac{1}{10000}s\right]$ 的整数倍。

因此，事件信息的构成包括：(x,y) 是事件产生的坐标，由事件相机的异步性决定；t 表示产生事件对应的时间戳，由内部计时机制决定；p 表示事件产生的极性，由输出规则决定。

【例 2-13】在 $t=30000$ 时事件相机由传感器捕捉的图像矩阵和 $t=30001$ 时事件相机捕捉到的光照数值分别如图 2-17（a）、（b）所示，假定捕捉到的像素平面尺寸与相机捕捉的尺寸相同，设定阈值 $C=10$，求所有输出事件。

65	87	12	5
36	27	81	92
95	16	36	24
58	47	45	73

(a)

45	62	57	26
40	27	70	92
95	37	36	20
92	47	44	73

(b)

图 2-17　例 2-13 图

【解】首先，根据事件相机的输出规则，分别计算相邻两个时间戳每个像素上的光照强度变化，计算结果如图 2-18 所示。

−20	−25	45	21
4	0	−11	0
0	21	0	−4
34	0	−1	0

图 2-18　计算结果

随后，分别判断光照强弱变化是否超过阈值 C，其输出关系式为：

$$\begin{cases} \Delta I_k \geqslant 10, p = +1 \\ \Delta I_k \leqslant -10, p = -1 \end{cases} \tag{2-86}$$

如果从左上角开始的水平方向建立 x 轴，左上角开始的竖直方向为 y 轴，那么输出像素的坐标和对应的极性分别为：$(1,1,-1),(2,1,-1),(3,1,+1),(4,1,+1),(3,2,-1),(2,3,+1),(1,4,+1)$。

而由于本题中事件产生依赖于 $t=30001$ 的光照强度，因此所有产生事件的时间戳均为 $t=30001$。将事件信息排列成 (x,y,t,p) 的顺序，即可获得当前时间戳输出的事件信息分别为：$(1,1,30001,-1),(2,1,30001,-1),(3,1,30001,+1),(4,1,30001,+1),(3,2,30001,-1),(2,3,30001,+1),(1,4,30001,+1)$，一共七个事件。

相比于传统的 RGB 相机，事件相机有着高时间分辨率、低功耗、高动态范围、输出多样化的优点。

高时间分辨率（即每秒最多产生的时间戳数目较多的特性）主要是由于事件相机内部的计时机制、异步性和输出形式所决定的。由于事件相机内部的计时器是以微秒为单位的，且事件相机的输出仅需要各像素独立计算光照强度变化，仅需以事件的形式输出光照强度变化超过阈值的像素，一旦某像素产生了事件信息，就立即输出，无需像 RGB 相机将所有像素曝光后再全部进行输出。这样，事件相机的输出就比 RGB 相机少了很多背景信息，而背景信息大多是冗余的，从而事件相机的输出速度就会比 RGB 相机快。此外，光照传感器的计算速度是很快的，其相应速率大约为 0.2~0.3μs，这也让事件相机的时间分辨率得以提升。

低功耗特性即事件相机在相同时间内捕捉相同的画面信息所消耗的电量比 RGB 相机小得多的特点。这是由于事件信息仅被光照变化超过阈值的像素所输出，背景信息无需输出，这样就减少了冗余性，不仅增加了时间分辨率，也降低了电源处理的像素点个数，从而降低了电量的消耗。

高动态范围指的是事件相机具有比 RGB 相机更能捕捉更暗或更亮物体的能力。RGB 相机在捕捉光照强度较亮的物体时，会出现"过曝"现象，如图 2-19（a）所示。RGB 相机输出的图像出现了大量白色区域，其内部细节丢失非常严重，无法判断拍摄对象。

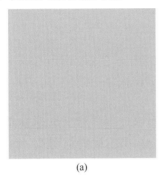 

(a)   (b)

图 2-19   动态范围对比

而图 2-19(b)所示的经过一定可视化方法的事件相机输出却不会出现"过曝"现象，内部细节较为清晰，可以清晰地看到拍摄对象为火焰，也可以看到火焰内部的燃烧细节。

这种特性出现的成因是光照传感器可以直接捕捉光照强度，RGB 相机的输出是对光照强度进行幅度限制，并将其压缩至 0~255 的范围内，而事件相机的输出是光照强度的变化。因此，在光照传感器捕捉到光照强度超过 255 后，RGB 相机的传感器会将其压缩至 255。而如果一个画面中大部分区域的光照强度均超过了 255，那么表现在 RGB 相机中就是大片的白色区域，即"过曝"现象。而事件相机在两次时间戳内检测到光照强度均超过 255 时，设对于某像素，第一次捕捉到的光照强度 $I_0 = 1000$，第二次捕捉的光照强度 $I_1 = 800$。由于两次光照强度均大于 255，因此 RGB 相机发生过曝，但事件相机捕捉的光照强度变化为 $\Delta I = 800 - 1000 = -200$，假设阈值为 $C = 100$，那么事件信息就可以正常输出，不会受到光照的影响。

同理，对于较暗的区域，RGB 相机捕捉不到任何信息，但是事件相机可以捕捉细微的光照强度变化，从而正常输出事件。也就是说，事件相机可以比 RGB 相机适应更亮或更暗的环境，具有较高的动态范围。

事件相机除了输出速度以外，还自带了 IMU 惯性制导单元。该单元的作用是测量事件相机的姿态，即输出俯仰、偏航、滚转三个姿态，姿态的定义如图 2-20 所示，有些事件相机还可以输出角速度信息。

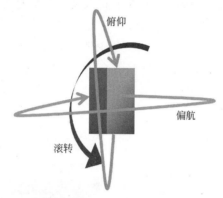

图 2-20　IMU 方位示意

而有了 IMU 提供的角速度信息，就可以让事件相机进行去模糊处理。例如在摇摆的无人机上拍摄图像，RGB 相机会拍摄出模糊的图像，而事件相机可以利用 IMU 提供的角速度信息进行模糊去除（见后续章节），从而可以进行障碍规避等应用，进而扩大了事件相机的应用场合。

此外，部分事件相机，如 DAVIS 事件相机在输出事件信息的同时，还可以输出灰度图像。而由于其内部传感器是独立存在的，因此其输出事件的速率不会因为灰度图像而发生改变。这样，就可以很轻松地获得事件-图像对，从而进行图像风格转换（见后续章节）等应用。

因此，事件相机的应用场合和优势决定了其在某些特定领域的性能可以超越传统的 RGB 相机，但目前其潜力仍有待开发。

与普通 RGB 相机类似，事件相机在进行后续应用时，需要进行标定，其内参和外参与 RGB 相机也是类似的。一种标定方法是使用棋盘格进行标定，但这种方法对于设备的要求较高。因此，可以采用另一种标定方法，即多层感知机标定。

内参（相机的固有参数）主要包括焦距 f、像素的实际宽度 $(\mathrm{d}x, \mathrm{d}y)$、像素中心坐标的偏移量 (u_0, v_0) 等，这些参数在出厂商的技术手册中均可以查到，或可以通过公式进行导出。例如，设最大成像平面为346×260的事件相机，其传感器总体尺寸为4.6mm×3.0mm，那么其像素的实际宽度为：

$$(\mathrm{d}x, \mathrm{d}y) = \left(\frac{4.6\mathrm{mm}}{346}, \frac{3.0\mathrm{mm}}{260}\right) = \left(1.329 \times 10^{-5}, 1.154 \times 10^{-5}\right)\mathrm{m} \tag{2-87}$$

由于图像坐标系原点一般取在左上角，而在标定时需将原点平移到平面中心，这样其像素中心坐标的偏移量就是像素平面各边尺寸的一半，为：

$$(u_0, v_0) = \left(\frac{346}{2}, \frac{260}{2}\right) = (173, 130) \tag{2-88}$$

因此内参无需进行标定。但在有些时候，为了计算方便，将内参组合成矩阵的形式，称之为内参矩阵：

$$\boldsymbol{M}_I = \begin{pmatrix} \dfrac{f}{\mathrm{d}x} & 0 & u_0 \\ 0 & \dfrac{f}{\mathrm{d}y} & v_0 \\ 0 & 0 & 1 \end{pmatrix} \tag{2-89}$$

式中，$\left(\dfrac{f}{\mathrm{d}x}, \dfrac{f}{\mathrm{d}y}\right)$表征相机的分辨率和距离，与焦距有关。相机内参矩阵和外参矩阵共同使用就可以完成世界坐标系中的点到相机平面（相机坐标系）的转换，两个矩阵都是缺一不可的。因此，求出了内参矩阵，还需要求外参矩阵。求外参矩阵就不能像内参矩阵一样，有现成的公式可以调用。求外参矩阵的基本思路就是标定，即使用若干个点通过求解线性方程组的方法求出。

外参矩阵包含 12 个参数，为一个尺寸为(3,4)的矩阵，其内容包含了欧拉旋转和平移的关系，实际上是旋转矩阵 $\boldsymbol{R}$ 和平移矩阵 $\boldsymbol{S}$ 拼接而成的矩阵：

$$\boldsymbol{M}_o = \left(\boldsymbol{R} \mid \boldsymbol{S}\right) = \begin{pmatrix} r_{11} & r_{12} & r_{13} \mid s_1 \\ r_{21} & r_{22} & r_{23} \mid s_2 \\ r_{31} & r_{32} & r_{33} \mid s_3 \end{pmatrix} \tag{2-90}$$

而确定相机的平移和旋转矩阵较为复杂，但其每个元素的数值一般都位于[0,1]区间中。因此可以将这 12 个矩阵看成 12 个完全未知的量，通过建立多层感知机和损失函数求出。

为了建立适当的损失函数，首先需要明确内外参矩阵的坐标转换的关系。在相机标定中，坐标转换主要包含 3 个主要的坐标系，分别为世界坐标系、相机坐标系、图像像素坐标系。

世界坐标系即真实世界中物体的坐标，其原点可以任意选取，一般取在相机 (u_0, v_0) 像素处，x_W 轴位于 (u_0, v_0) 像素与物体中心的连线上，指向物体中心为正；y_W 轴位于 x_W 轴所在的平面内，垂直于当地水平面，向上为正；z_W 轴则可以通过右手定则确定。

相机坐标系即相对于相机中的坐标。原点取在相机 (u_0, v_0) 像素处，x_E 轴垂直于相机的平面，朝向物体为正；y_E 轴垂直于 x_E 轴，位于相机平面内，指向上为正；z_E 轴可以使用右手定则确定，如图 2-21 所示。

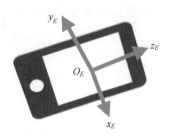

图 2-21　相机坐标系示意

像素坐标系即确定物体在像素平面上的坐标。由于像素平面不像相机平面是一个物理平面，其仅包含 (x_p, y_p) 两个独立坐标。但为了转换方便，规定对于像素平面上的任一点均有 $z_p = 1$。像素坐标系的原点取在像素平面的左上角，x_p 与像素平面上边重合，指向右侧为正；y_p 与像素平面的左侧边界重合，指向下为正，如图 2-22 所示。

图 2-22　像素坐标系示意

随后，可以定义坐标之间的变换。由于外参矩阵包含了平移和旋转，也许旋转矩阵包含了多次旋转，但无论旋转次数和过渡坐标系的数目多少，根据矩阵乘法的概念，其也表征了世界坐标系到相机坐标系的变换关系。

因此，世界坐标系和相机坐标系的关系为：

$$\begin{pmatrix} x_E \\ y_E \\ z_E \end{pmatrix} = \boldsymbol{M}_o \begin{pmatrix} x_w \\ y_w \\ z_w \\ 1 \end{pmatrix} \tag{2-91}$$

式中，等式右侧多出来的"1"表示维度匹配和量纲的概念，在预测过程中，可不必预测"1"这个量。而从相机坐标系到像素坐标系，其对应的转换关系可由内参矩阵表示，这是由于内参矩阵中包含了长度关系（考虑大小）和相似三角形关系（即考虑旋转）。因此，相机坐标系与像素坐标系的转换规则为：

$$\begin{pmatrix} x_p \\ y_p \\ z_p \end{pmatrix} = \boldsymbol{M}_I \begin{pmatrix} x_E \\ y_E \\ z_E \end{pmatrix} \tag{2-92}$$

综上，可以写出世界坐标系与像素坐标系的转换关系：

$$\begin{pmatrix} x_o \\ y_p \\ z_p \end{pmatrix} = \boldsymbol{M}_I \boldsymbol{M}_o \begin{pmatrix} x_w \\ y_w \\ z_w \\ 1 \end{pmatrix} \tag{2-93}$$

而为了求解外参矩阵中的 12 个参数，那么就必须保证其余所有矩阵均为已知的。因此，需要固定事件相机的焦距，在至少 12 个不同的点使用参照物（如小球、板子等），开启事件相机记录下对应的世界坐标及像素坐标。而考虑到事件相机的工作原理，在每次取点时，需要轻轻晃动参照物，从而使事件相机可以产生事件。但这样会使点原本的世界坐标出现偏差，如果晃动幅度较小，那么世界坐标的偏差则可以忽略不计。

为方便推导损失函数，将式(2-93)移项，得：

$$\begin{pmatrix} x_p \\ y_p \\ z_p \end{pmatrix} - \boldsymbol{M}_I \boldsymbol{M}_o \begin{pmatrix} x_w \\ y_w \\ z_w \\ 1 \end{pmatrix} = \begin{pmatrix} 0 \\ 0 \\ 0 \end{pmatrix} \tag{2-94}$$

对于一个方程而言，其期望是方程左右两端的数值相等，而 $\boldsymbol{M}_o$ 是一个预测值，因此只能接近期望输出，即让方程左右两端的数值之差接近于 0。而考虑到可能出现方程左端大于右端和右端大于左端这两种情况，因此为了统一，可将式(2-94)两端取平方，并将 $\boldsymbol{M}_o$ 作为预测值 $\hat{\boldsymbol{M}}_o$ 代入，从而形成损失函数，期望其不断减小以趋近于 0：

$$L = \left[\begin{pmatrix} x_p \\ y_p \\ z_p \end{pmatrix} - \boldsymbol{M}_I \hat{\boldsymbol{M}}_o \begin{pmatrix} x_w \\ y_w \\ z_w \\ 1 \end{pmatrix} \right]^2 \tag{2-95}$$

而有了损失函数，还需要确定如何生成 $\hat{\boldsymbol{M}}_o$ 矩阵。此处可以有两种思路。一种是将 $\hat{\boldsymbol{M}}_o$ 矩阵看成是完全未知且独立的 12 个变量，直接通过给多层感知机一个固定的输入，如 $x = 1$。随后，经过多层感知机可以生成一个形状为 $(1,12)$ 的向量，再将其排布成 $(3,4)$ 的形式，代入损失函数表达式中计算损失。最后使用梯度下降的方法进行求解。另一种思路是考虑到 $\hat{\boldsymbol{M}}_o$ 是有关旋转和移动的量，与坐标变换相关。因此，多层感知机的输入为 $\left(\boldsymbol{x}_p, \boldsymbol{M}_{Ii}, \boldsymbol{x}_w\right)$ 或其中的一部分，输入的顺序也可以更改。其中，$\boldsymbol{x}_p = \boldsymbol{x}_p(x_p, y_p, z_p)$ 为像素坐标系三个分量构成的矢量；同理，$\boldsymbol{x}_w$ 表示四个世界坐标系构成的矢量；而 $\boldsymbol{M}_{Ii}$ 则表示将内参矩阵每一行展开，形成尺寸为 $(1,9)$ 的向量，与坐标系分量匹配。因此，如果将其全部作为输入，则多层感知机的输入为 $(1,16)$。对于实际问题，这两种思路都是可取的，可根据具体问题的要求进行取舍。

2.3 常用的事件相机

事件相机与普通 RGB 相机类似，也有多种型号，如 DVS、DAVIS 等。在解决特定问题时，需要结合不同型号的优劣进行选择。

2.3.1 DVS 相机

DVS 是 Dynamic Vision Sensor 的简写，其意为"动态视觉传感器"，是事件相机中最基本的一种，只能输出事件信息，且分辨率也较小。常见的 DVS 相机分辨率一般在 240×320 左右，最大的 DVS 相机分辨率也仅有 768×640 像素。较小的分辨率虽然可能带来一定的图像损失，但是却可以加快传感器的运算速度。一般 DVS 相机的采样率在 2000 次每秒左右。

DVS 的输出事件的速率也不是完全恒定的，对于不同亮度的环境，可能会对 DVS 采样率造成影响。在较暗、光照强度变化较小的场合，由于较难捕捉外界光照强度的变化，因此 DVS 的输出可能会相对较不灵敏，输出速率较小。而在较亮、光照强度变化较大的场合，DVS 可以轻易捕捉光照强度变化，因此输出速率为正常值。但如果在外界温度过高、亮度过大的场合，传感器可能会被外界温度加热，从而被烧毁，此时 DVS 无法输出任何数据，输出速率为 0。

因此，可以定义 DVS 最快的输出速率为 $H(\omega)$，其中 ω 是外界光照强度及光照变化强度的函数，其大致数值变化如图 2-23 所示，其中 ω_b 表示其数值对

应的 $H(\omega)$ 达到最大。

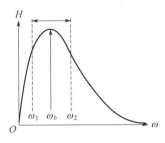

图 2-23　带宽示意

从而，设 $H(\omega_i) = \dfrac{H(\omega)_{\max}}{\sqrt{2}}$，则其带宽为 $\Delta\omega = \omega_2 - \omega_1$。因此，带宽是一个表示 DVS 性能的指标。其带宽越宽，那么也就说明 DVS 对光照强度及光照强度变化较不敏感，且响应较平均，从而可以适应光照强度较低到光照强度较高的大范围，适用范围会更广。

对一般 DVS 而言，其缺点在于无法同时输出灰度图像，也就不能仅适用 DVS 进行图像-事件数据集的标对，即无法寻找图像与事件像素之间服从的一一对应关系。此外，DVS 的带宽一般较窄，性能较差。

2.3.2　ATIS 相机

ATIS 相机的诞生解决了 DVS 无法输出灰度图像的问题，但其输出灰度图像的时间采样率远不如输出事件的时间采样率，仅为 50 帧每秒左右。即便如此，仍可以通过事件的某些编码找出与灰度图像的一一对应关系。对基于 DVS 的事件-图像标对，则需要将灰度图像与事件编码后的图像进行一定旋转，从而补偿光线偏角，如图 2-24 所示。

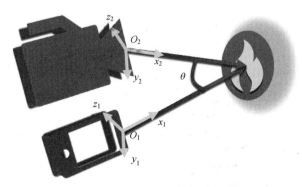

图 2-24　DVS 数据集标对示意

ATIS 相机的带宽较 DVS 增加了 2 倍左右，尽管如此，ATIS 相机对于较暗、光线强度变化较弱的环境灵敏度仍较低，并且增加的带宽是通过增加像素尺寸 (dx, dy) 来完成的，也就是说 ATIS 传感器的尺寸要比同分辨率的 DVS 长度、宽度各大了 2 倍，这也限制了其使用。

2.3.3 DAVIS

Dynamic and Active Pixel Vision Sensor (DAVIS)指的是动态和活动像素视觉传感器，其比 DVS 多了"活动""像素"两个关键词。

"活动"代表阈值可变，DVS 和 ATIS 生成事件时，都是通过判断光照强度的改变超过阈值从而输出事件的。但其阈值总保持不变，这也就可以解释在光照强度较弱和光照强度变化较小的环境下，DVS 和 ATIS 的输出速率有所下降的问题。对此，DAVIS 采用了动态阈值的思想。对于较暗的环境，为了更有效地输出事件信息，将光照强度的阈值减小；而在较亮的环境，为了保护传感器，输出事件的强度阈值增大。从而，DAVIS 的带宽可以更有效地提高。

"像素"表示逐像素异步输出。对不同亮度的阈值不仅可以动态调整，其调整还是各像素异步的。这是由于每个像素可以独立读取光照强度及其变化，生成事件信息也是异步的。因此，当某个像素检测到光照强度较强、变化较强的情况时，其生成事件信息时可以对应增加输出事件的阈值，反之亦然。这样生成事件的规则也无需通过增大像素尺寸来提高带宽，DAVIS 的像素尺寸仅比 DVS 平均增大 5%。

与 ATIS 相同，DAVIS 也可以输出 50 帧每秒左右速率的灰度图像，从而辅助图像-事件的标定，并采用并联传感器，从而减小生成灰度图像对产生事件的延时。

2.3.4 商业事件相机

三星、CelePixel 等企业也在开发自己的事件摄像机。但受限于像素及分辨率的大小，难以进入直接量产。DVS 是上述三种事件相机中像素尺寸最小的，一般在 40μm 左右，根据三星公司公布的数据，其研发的事件相机的像素尺寸为 9μm 左右。而传统 RGB 相机像素尺寸一般在 2~4μm。因此事件摄像机的共性缺点在于其像素尺寸相比 RGB 相机大 2~20 倍，这是因为其原理相比 RGB 相机更为复杂，需要设计更多的逻辑电路。

可见，事件相机的种类繁多，在实际使用时应根据项目的需求、延时等特性合理选择事件相机。

2.4　思考与练习

1．什么是事件相机？
2．DVS 相机的优势和劣势分别有什么？
3．如何标定外参矩阵？最少需要多少组数据？
4．写出 Adam 优化器的更新规则。
5．求导数 $f(x) = Sp(S(R(wx)))$。

第3章

事件信息的编码

在了解了事件相机的原理后，则可以加以应用。对于事件相机输出的 (x, y, t, p) 四元组，可以先通过不同方式进行编码，随后通过计算机视觉的不同算法进行处理，从而研究其具体特征或完成具体的任务。由于事件信息既可以看作是一个元组，也可以看作是点的坐标，因此对其进行编码的方式较为灵活，主要包括点云式编码、CountImage 编码、张量式编码、局部 CountImage 编码、TimeImage 编码、LeakySurface 编码等。

3.1 点云式编码

点云式编码是将点云按照一定的顺序或随机排成形状为 (N, D) 的矩阵，称为点云编码矩阵，其中 N 表示点云中点的个数，D 表示点云的维度数（或特征数）。对于平面点云，$D=2$，即包含 (x, y) 两个维度。因此对于事件信息，可以取 $D=4$，并直接按照传感器收集到的事件信息进行排序。

【例 3-1】已知传感器收集到的事件信息为 $(1, 4, 0.01, -1)$，$(43, 8, 0.01, 1)$，$(62, 94, 0.01, 1)$，$(72, 91, 0.02, -1)$，$(63, 61, 0.02, 1)$，求其点云编码矩阵（按照传感器收集到的事件排序）。

【解】若按照传感器收集到的事件信息进行矩阵排序，则可排成矩阵(3-1)。

$$\begin{pmatrix} 1 & 4 & 0.01 & -1 \\ 43 & 8 & 0.01 & +1 \\ 62 & 94 & 0.01 & +1 \\ 72 & 91 & 0.01 & -1 \\ 63 & 61 & 0.02 & +1 \end{pmatrix} \tag{3-1}$$

由例 3-1 的矩阵可以看出点云编码的本质就是点云中点顺序上的重新组合，即矩阵中始终保持不变的是每一个点的维度数（或特征数）和点云中点的个数。而对应于矩阵中的每一列的顺序，是可以交换的，即点云编码具有特征变换不变性。例如事件信息的特征排布可以排布为(x,y,t,p)，也可以排布成(x,t,p,y)。

此外，点云具有无序性，即矩阵中的每一行的顺序可以进行交换。这是由于点云中点的顺序并无人为规定，点云中的点进行乱序后，表示的仍是同一个点云。因此对于事件信息而言，不一定按照传感器所获得的事件信息进行排序，还可按照时间戳t、坐标(x,y)等进行排序。

点云式编码具有编码速度快、易于处理等优点。由于仅需要读取传感器输出的事件信息并逐个加入到列表中，并转换成矩阵形式，因此处理速度较快，下面的代码表示一个时间复杂度为$O(n)$的点云编码算法。

```
import numpy as np  #导入numpy数据科学库
pointCloud = []  #创建初始点云列表为空
for point in file:  #读取点云文件或传感器中的点信息
            pointCloud.append(list(point))  #将点信息增加至点云列表
pointCloud = np.array(pointCloud)  #转换为N*D的标准点云矩阵
```

而由于点云编码输出的是点云矩阵，因此很容易定义多层感知机等算法以及求广义逆、矩阵转置等线性代数方法，对于特征提取较方便。

但是，点云式编码也会造成旋转可变、尺寸不协调等问题。由于一个点云进行旋转后仍然表示相同的点云，根据点云编码矩阵的概念，对于点个数N和特征数D相同的点云，其中某些点的特征不相同时，点云编码矩阵的形状相同，但是表达的意义不同。而对于旋转后的点云，由于其坐标发生了改变，因此表达成点云编码矩阵后，与原有的点云编码矩阵不存在相等关系，这就给处理点云信息带来了额外的旋转变换过程。

此外，若点云中点的个数较多，且每个点包含的特征维度数较少，那么就会出现矩阵长度N较大而D较小的问题，因而若直接对点云编码矩阵通过全连接层，则会导致网络过宽、处理速度减慢等问题。而为了解决尺寸不协调带来的问题，并充分挖掘事件点的特点，则产生了CountImage编码。

3.2 CountImage 编码

考虑到事件信息出现的坐标(x,y)总是位于传感器所捕捉的画面平面内，在不考虑传感器噪声的情况下，无论出现的时间戳或事件的极性如何，在某一坐标(x_i,y_i)中出现的事件越多，则根据事件相机的原理可证明该点的亮度变化幅度较大，在传感器运动幅度较小的情况下，该点可能位于原始物体的边缘或原始物体上颜色发生变化的位置；对于传感器画面中存在物体运动时，则可能表示运动物体的运动部分，而边缘信息对于识别图像较为重要。

因而可以忽略时间和极性，仅记录事件的位置信息 (x_i, y_i)，同时记录在该点处产生的事件个数 N_E，这样就保证了对于某点 (x_i, y_i) 在从传感器开始收集数据后的 t 时间内，若该点所产生的事件信息较多，则该像素上的数值 N_E 也就越大，若表示为一个图像，则该点的亮度也就越大。

(a) 原始图像   (b) CountImage图像

图 3-1　原始图像与 CountImage 图像

如图 3-1 所示，对于原始图像静止而传感器运动幅度较小时，提取出的信息转换为 CountImage 编码后，类似于图像的边缘信息，并且存在一定的模糊效果。这是由于传感器的运动所产生的。而对于运动物体的情况，传感器产生的事件转换为 CountImage 编码后，则显示出了运动物体的轨迹部分。因而，无论对于传感器运动幅度较小还是传感器画面中存在运动物体的情况，都有实际的图像特征，因而 CountImage 编码对图像特征的提取较为有利。

此外，由于 CountImage 编码图像的尺寸与传感器原始捕捉的画面平面大小相同，长宽比不至于出现尺寸不协调的问题，因而有利于进行一系列图像处理操作以提取特征，从而完成具体的任务。并且 CountImage 编码仅需要简单的映射操作，时间复杂度为 $O(n)$，具有编码速度快的优点。

然而，CountImage 编码丢失了事件编码中的 (t, p) 信息，而该信息对于运动物体的提取较为重要。这就导致了在画面中存在运动物体的情况下，CountImage

编码仅提取出了运动物体的轨迹信息，而无法提取运动物体的具体边界。而在传感器运动较大的情况下，由于每次运动均产生大量事件，因此 CountImage 编码无法提取任何有用的信息。

3.3 张量式编码

考虑到事件信息可以看成是四维空间中的点，那么整个事件产生的区域则可以看成是尺寸为 (X, Y, T, P) 的四维张量（体素）。张量是一种高维（二维以上）矩阵，对于张量中的一个坐标，则有一个元素对应于该坐标，和矩阵相同。例如对于三维张量 (X, Y, T) 中的坐标 (x_i, y_i, z_i)，则可对应该点上的一个元素。由存储性，可以将事件的四维张量中的任意三个维度组成三维张量，其中每一点储存另一个维度的信息。例如使用 (X, Y, T) 作为张量，p 作为三维张量中的元素，对于未出现事件的区域，则可令 $p = 0$。

【例 3-2】已知传感器收集到的事件信息为 $(1, 2, 0.01, -1)$，$(2, 1, 0.01, 1)$，$(1, 3, 0.01, 1)$，$(3, 2, 0.02, -1)$，$(2, 2, 0.02, 1)$，求其以 (X, Y, T) 作为张量，p 作为张量中元素的张量编码。

【解】由于事件出现集中于 $t = 0.01$ 和 $t = 0.02$ 两个时刻，出现范围为 $x \in \{1, 2, 3\}$，$y \in \{1, 2, 3\}$，因此可以建立尺寸为 $(3, 3, 2)$ 的三维张量 E。

随后，将每一个事件中的极性 $p \in \{-1, 1\}$ 映射到张量元素中，若某一坐标未出现事件，则该处元素 $p = 0$，映射过程如式(3-2)所示。其中，$E(x, y, t)$ 表示三维张量 E 中坐标 (x, y, t) 的元素值。考虑到事件出现的时间戳为小数，为方便确定其坐标，将其归化到整数范围。如出现的第一个时间戳 $t = 0.01$ 坐标为 1，第二个时间戳 $t = 0.02$ 坐标为 2，依次类推。

$$
\begin{aligned}
E(1, 2, 1) &= -1 \\
E(2, 1, 1) &= +1 \\
E(1, 3, 1) &= +1 \\
E(3, 2, 2) &= -1 \\
E(2, 2, 2) &= +1
\end{aligned}
\tag{3-2}
$$

最后，做出编码后的张量图像如图 3-2 所示。

张量式编码的优点是保持了事件的全部信息，但由于事件相机的时间分辨率较高，因此在相同时间戳下事件信息产生的数量相比整张图像仍然较少，因此所得的矩阵为稀疏矩阵。对于稀疏矩阵，其线性代数运算较难定义，且需要稀疏卷积、三维卷积等操作才能处理。因此，尽管张量式编码也仅需映射操作，

时间复杂度为 $O(n)$ ，但由于其处理时的时间复杂度较高而较少被使用。

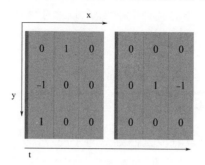

图 3-2　张量式编码结果

3.4　局部 CountImage 编码

CountImage 具有丢失信息的缺点，而张量式编码不会丢失信息，但后续处理速度较慢。结合二者的优点，一种可能的思路是将事件按出现的时间顺序分为 S 份，每一份做一次 CountImage 编码。

例如，在传感器收集完成的一个事件列表中，若所有事件出现的时间戳均位于 [0.00,1.00] 中，则可将其分为 $S=16$ 份，即每一份所占的时间长度为 0.0625。那么第一份事件列表出现的时间戳应位于 [0.00,0.0625] 区间内，随后对在这个区间内的所有事件信息完成 CountImage 编码，余下的十五份事件也相应完成 CountImage 编码。如此，就可以得到一个尺寸为 $(H,W,16)$ 的三维张量，其中 (H,W) 代表传感器捕捉画面的尺寸（即事件出现的区域）。利用这种方法对事件信息进行编码的方式叫做局部 CountImage 编码。

如图 3-3 所示，将 N-MNIST 事件相机手写数字识别数据集中的图像分别编码成 CountImage 和局部 CountImage（分割数 $S=16$），并对比原图，可以看出对于原始的 MNIST 数据集和包含相同数字的 N-MNIST 数据集中的文件，局部 CountImage 编码和 CountImage 编码均出现了一定的损失。但局部 CountImage 编码的损失相比 CountImage 编码较小，这是由于 N-MNIST 数据集是通过传感器的扫视进行收集的，因此数字会出现位置变化的问题，因此 CountImage 编码就出现了模糊现象，导致识别率差。而局部 CountImage 中每一张 CountImage 编码的时间间隔是直接采用 CountImage 编码的 $\dfrac{1}{S}$，因而运动模糊也随着分割数 S 的增大而减小。如果分割数 S 过大，则会产生一张图像上无法映射足够的数据，导致识别率下降。因此分割数 S 的选择会直接影响局部 CountImage 编码的结果。

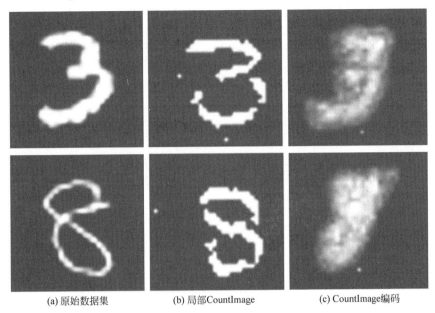

(a) 原始数据集　　　　　(b) 局部CountImage　　　　(c) CountImage编码

图 3-3　原始数据集、CountImage、局部 CountImage 的差异

3.5　TimeImage 编码

如果说 CountImage 编码和局部 CountImage 编码是在空间范围内累积事件信息，那么 TimeImage 编码则是在时间层面累积事件信息。CountImage 编码首先需要截取一段时间滑动窗口，随后计算各个像素上事件的映射个数，这种方法没有考虑时间信息。

而 TimeImage 编码的思想则是考虑到事件的频率和空间频率。假定在某个截断时间戳 T 之前的 t_1 个单位时间的某个像素 (x_1, y_1) 产生了事件 A，而 t_2 个单位时间的某个像素 (x_2, y_2) 产生了事件 B。如果此时满足 $t_1 < t_2$，即事件 B 发生的时间戳比事件 A 产生得早，并且 $(x_{1,2}, y_{1,2})$ 像素在产生事件 A 或事件 B 后一直到指定时间戳，再也没有产生新的事件，那么则认为事件 A 的频率更高。

例如，像素 $(25, 34)$ 在 $t = 0.04$ 产生了事件 $(25, 34, 0.04, 1)$，而像素 $(44, 55)$ 在 $t = 0.06$ 产生了事件 $(44, 55, 0.06, -1)$。给定截断时间戳 $T = 0.1$。而在 $t = (0.04, 0.1]$ 这个区间内，像素 $(25, 34)$ 再也没有产生过新的事件，而像素 $(44, 55)$ 在 $t = (0.06, 0.1]$ 这个时间段内，再也没有产生新的事件。那么由于 $(44, 55)$ 这个像

素最后一次产生时间的时间戳距离给定截断时间戳的时间较短，因此认为像素 (44,55) 产生事件的频率更加频繁。

一种编码方式需要定量衡量事件产生的频率，某像素最后一次产生事件的时间戳越靠近截断时间戳，则事件发生的越频繁，因此可以以式(3-3)衡量事件的发生时间频率：

$$\lambda_i = \frac{K}{T - t_i + \delta} \tag{3-3}$$

式中，K 为比例因子，一般可以取 $1 \sim 2$ 之间；t_i 表示像素 i 最后一次产生事件的时间戳，如果某个像素从未产生过任何事件，则 $t_i = 0$；$\delta = 0.01$ 以防止 $t_i = T$ 导致分母为 0，事件发生频率为无穷大的极端情况。

在对每个像素计算完事件发生频率后，还需要将其归一化到 $0 \sim 1$ 之间或 $0 \sim 255$ 之间，可采用 min-max 归一化：

$$\overline{\lambda}_i = k \frac{\lambda_i - \lambda_{\min}}{\lambda_{\max} - \lambda_{\min}} \tag{3-4}$$

式中，$k = 0$ 或 $k = 255$ 表示将事件发生频率归一化到 $0 \sim 1$ 或 $0 \sim 255$ 之间。

【例 3-3】(1) 已知截取时间戳 $T = 0.2$，而各像素最后一次产生事件的时间戳分别为：

$$t = \begin{pmatrix} 0.11 & 0.18 & 0.06 & 0.19 \\ 0.04 & 0 & 0 & 0 \\ 0 & 0 & 0.2 & 0 \\ 0 & 0 & 0 & 0.01 \end{pmatrix} \tag{3-5}$$

式中，参数 $K = 1.5$；$k = 255$；$\delta = 0.02$。求归一化后的 TimeImage 编码。

(2) 设置阈值 $T_h = 100$，如果每个归一化 TimeImage 编码的像素数值小于阈值，则置为 0，如果大于等于阈值，则置为 255。

【解】(1) 首先，根据式(3-3)计算出每个像素事件发生的频率矩阵：

$$\lambda = \begin{pmatrix} 13.64 & 37.50 & 9.38 & 50.00 \\ 8.33 & 6.82 & 6.82 & 6.82 \\ 6.82 & 6.82 & 75.00 & 6.82 \\ 6.82 & 6.82 & 6.82 & 7.14 \end{pmatrix} \tag{3-6}$$

从而，可以知道事件发生的最小频率和最大频率分别为：

$$\begin{aligned} \lambda_{\min} &= 6.82 \\ \lambda_{\max} &= 75.00 \end{aligned} \tag{3-7}$$

因此，可以通过式(3-4)计算出每个像素归一化到 $0 \sim 255$ 后的 TimeImage 编码矩阵：

$$P = \begin{pmatrix} 26 & 115 & 10 & 161 \\ 6 & 0 & 0 & 0 \\ 0 & 0 & 255 & 0 \\ 0 & 0 & 0 & 1 \end{pmatrix} \tag{3-8}$$

（2）根据题目给定的阈值及阈值化的方法，可将 TimeImage 编码进行阈值化，其结果为：

$$P = \begin{pmatrix} 0 & 255 & 0 & 255 \\ 0 & 0 & 0 & 0 \\ 0 & 0 & 255 & 0 \\ 0 & 0 & 0 & 0 \end{pmatrix} \tag{3-9}$$

可以看出，TimeImage 编码相比于 CountImage 编码，减少了很多冗余信息，CountImage 编码由于每个像素上只要达到一定事件就可以保留，对滑动时间窗口的长度较为敏感，时间过短则积累不到一定的事件，积累时间过长则会导致 CountImage 无法分辨物体信息，特征丢失。而 TimeImage 则是考虑到事件的频率而非个数，无论截取时间点取在何处，均可以正常工作，对截取时间不敏感。

然而，CountImage 编码、局部 CountImage 编码和 TimeImage 编码均存在着丢失信息的问题。对 TimeImage 编码而言，其考虑了事件发生的像素信息 (x, y)，也考虑到了事件发生的频率信息，即 t，但丢失了事件极性 p 的信息，这是一大缺陷。因此，Leaky Surface 编码应运而生。

3.6 Leaky Surface 编码

Leaky Surface 编码是考虑 (x, y, t, p) 所有信息的编码，但其可视化效果并不高。然而，对于一个计算机问题而言，计算机本身是依靠提取特征进行图像处理的，有时人眼无法识别的特征，计算机则可以轻易识别。因此，尽管 Leaky Surface 编码可视化程度较低，但由于其是信息密集的，所以也经常使用于基于事件的识别、检测等任务。

Leaky Surface 编码的具体过程可用接球游戏来比喻，如图 3-4 所示。

图 3-4 中，下方的方框组表示像素，每个方框代表一个像素。而上方，则是实时更新的事件信息，距离像素近的事件，表示产生的时间戳较小。随着时间的推移，某些像素首先产生了一个极性为正的事件，在图 3-4 中表示为事件信息落入了对应的方框中。此时，产生极性为正的事件对应的像素数值加 1，

而其他没有产生事件的像素数值减去 1，如图 3-5 所示。

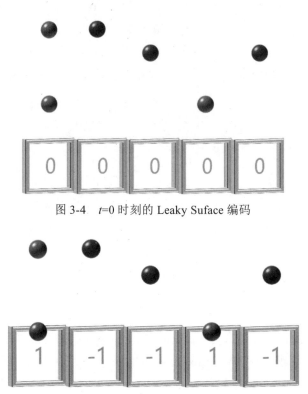

图 3-4　$t=0$ 时刻的 Leaky Suface 编码

图 3-5　Leaky Surface 编码过程示意（1）

　　在下一段时间内，每个像素都没产生任何事件，因此每个像素的数值均在所有像素不产生时间的时间段内保持不变，直到某个像素产生事件。在 t_2 时刻，某些像素产生了极性为负的事件，为了显示出信息的差异性，这些像素的数值可保持不变，而其余像素的数值减去 1，此时各个像素的状态及数值如图 3-6所示。

图 3-6　Leaky Surface 编码过程示意（2）

　　又经过一段时间，在不同像素上产生了极性不同的事件，既有极性为正的，也有极性为负的。此时，产生极性为正的事件对应的像素数值加 1，产生极性为负的事件对应的像素数值保持不变。除此之外的其他像素数值全部分别减去1，最后各个像素的状态及数值如图 3-7 所示。

图 3-7　Leaky Surface 编码结果

可以看出，在进行 Leaky Surface 编码后，像素平面上具有众多数值小于 0 的像素，而这些像素无法进行显示，在进行特征提取时也较难处理。因此，在进行 Leaky Surface 编码后，同样需要进行归一化操作：

$$P = k \frac{p_i - p_{\min}}{p_{\max} - p_{\min}} \tag{3-10}$$

式中，$k = 1$ 或 $k = 255$ 表示将像素数值归一化到 0～1 或 0～255 区间内。从而，可以对刚刚进行 Leaky Surface 编码的像素进行归一化，其结果如图 3-8 所示。

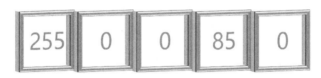

图 3-8　归一化后的 Leaky Surface 编码

而如果进行溯源，可以发现，像素值较大的像素通常产生了较多极性为正的事件，而像素值较小的像素则产生了较多极性为负的事件或较长时间未产生事件信息。在 Leaky Surface 编码中，像素的位置被考虑，事件产生的时间决定了像素数值的大小，因此时间信息也被包含在编码中。此外，事件产生的极性也直接决定了对应像素数值的大小，Leaky Surface 编码中同样包含了事件的极性信息。也就是说，在 Leaky Surface 编码中，组成事件的所有信息都被考虑到了。因此，该编码相比于 CountImage 编码、TimeImage 编码等具有信息丢失少的优点。

而 Leaky Surface 编码后所产生的像素平面在时间窗口较长的情况下，所含有的非 0 值较多，编码后的像素平面不是一个稀疏的矩阵，因此 Leaky Surface 编码相比于张量式编码具有非稀疏、计算量小等优点。

然而，Leaky Surface 编码最大的问题是可视化程度较低，无法判断每个像素具体的形状和含义，无法标定人类识别的准确率。此外，Leaky Surface 对事件的编码信息没有丢失但信息隐藏较深，需要特征提取能力更强的网络才可提取 Leaky Surface 编码中的所有信息，保证识别准确率。

3.7　思考与练习

1．CountImage 编码和局部 CountImage 编码的异同点、优势和劣势分别是什么？

2．为何 Leaky Surface 编码相比于 CountImage 等编码使用频率稍低？

3．生成任意事件信息，并使用 TimeImage 编码进行可视化，观察其中的模式。

4．点云式编码与 Leaky Surface 编码的共同点有哪些？

5．为何张量式编码的计算量巨大？

第4章
事件的普通卷积

卷积操作是提取事件信息编码后生成矩阵之特征的一种关键操作，同时卷积操作也被广泛用于图像信息的处理之中。卷积包含较多类型，如普通的 2D 卷积、3D 卷积、稀疏卷积、点卷积等，因此掌握卷积操作对事件信息的处理至关重要。

4.1 2D 卷积的基本原理

卷积操作定义在两个函数 $f(\cdot)$ 和 $g(\cdot)$ 上，表征输入函数 $f(\cdot)$ 过去状态对应产生的输出函数（响应）$g(\cdot)$ 的叠加，对输出函数现态 $g(t)$ 产生的影响。例如，事件的编码中，输入事件作为输入函数 $f(\cdot)$，按指定编码方式输出的编码为 $g(\cdot)$。则对于在 t 时刻之前输入的所有事件 $f([0,t))$，可对应得到输出编码 $g([0,t))$，而在 t 时刻输入的事件信息 $f(t)$ 可产生响应 $g(t)$。那么卷积即可定义为 $g([0,t))$ 以某种方式进行的叠加（如拼接、加法等）对 $g(t)$ 产生的影响。

而对于一般的连续、可积函数，卷积操作可定义为：

$$Conv(f,g)(t) = \int_{-\infty}^{+\infty} f(\tau)g(t-\tau)\mathrm{d}\tau \tag{4-1}$$

式中，τ 为积分变量，表示任意一个时刻；t 表示函数的现态所对应的时刻。而对于离散情况，对应的离散卷积操作可以定义为：

$$Conv(\boldsymbol{f},\boldsymbol{g})(t) = \sum \boldsymbol{f}(\tau)\boldsymbol{g}(t-\tau) \tag{4-2}$$

此时，τ 为函数 $f(\cdot)$ 和 $g(\cdot)$ 中的对应元素，而因子 $t-\tau$ 表示将 $g(\cdot)$ 进行翻转变换。因此从数学上说，离散卷积表示 $g(\cdot)$ 进行翻转后，$f(\cdot)$ 和 $g(\cdot)$ 中的对应元素分别相乘之和，这需要 $g(\cdot)$ 是已知的。

但是，在神经网络中，与输入图像 $f(\cdot)$ 进行卷积的矩阵 $g(\cdot)$（称之为卷积核）中含有的数值通常是未知而是需要被训练的，因为无法提前预知某个图像的特征，需要设置待定参数，并通过某种方法进行参数的调整。因而可以将矩

阵 $g(\bullet)$ 进行翻转的操作进行省略，仅考虑 $f(\bullet)$ 和 $g(\bullet)$ 中的对应元素的乘积之和，因而离散卷积的定义变为：

$$Conv(f,g) = \sum f(\tau)g(\tau) \tag{4-3}$$

由于图像信息为矩阵形式，属于离散数据的一种，而卷积可以表征输入函数与输出函数的关系，因而离散卷积则广泛运用于图像处理。

【例 4-1】已知神经网络中的两个矩阵 $f(\bullet)$ 和 $g(\bullet)$ 分别为：

$$f(\bullet) = \begin{pmatrix} 1 & 3 \\ 2 & -5 \end{pmatrix}, g(\bullet) = \begin{pmatrix} -2 & 0 \\ 0 & 3 \end{pmatrix} \tag{4-4}$$

求卷积 $Conv(f,g)$。

【解】由神经网络离散卷积的定义式(4-3)，可列出卷积的计算式：

$$Conv(f,g) = 1\times(-2)+3\times0+2\times0+(-5)\times3 = -17 \tag{4-5}$$

由此可以看出，对于具有相同尺寸的二维矩阵直接进行卷积后，其尺寸变为 (1,1)，因此卷积具有信息浓缩的作用。但是，实际对于尺寸较大的图像信息而言，若直接使用相同尺寸的矩阵进行卷积，则仅进行一次卷积后，图像尺寸就变为了 (1,1)，信息丢失较为严重，无法进行有效的信息提取。此外，卷积核 $g(\bullet)$ 越大，其中包含的待定参数越多，调整参数越困难。因此，需要将卷积 $g(\bullet)$ 缩小到一定尺寸，这就造成输入图像的尺寸与卷积核尺寸不相同，对于尺寸不相同的二维矩阵，可以定义卷积操作为：

$$Conv(f,g)_{ij} = \sum f\left[\left(i-\frac{w}{2}, i+\frac{w}{2}\right), \left(j-\frac{h}{2}, j+\frac{h}{2}\right)\right]g(\bullet) \tag{4-6}$$

式中，$f(\bullet)$ 为尺寸较大的矩阵；$f[\bullet,\bullet]$ 表示矩阵 $f(\bullet)$ 中的某一区域；$g(\bullet)$ 为尺寸较小的矩阵，其宽和高分别为 (w,h)；下标 (i,j) 表示矩阵的第 i 行第 j 列。因此，对于尺寸不相同的矩阵，其卷积操作定义为 $f(\bullet)$ 中某一与 $g(\bullet)$ 具有相同尺寸的区域进行离散卷积运算后，所得结果按 $f(\bullet)$ 区域中心点拼接而成的矩阵。而为了顺序提取中心点，一般可以使 $g(\bullet)$ 在 $f(\bullet)$ 上按照顺序进行区域提取，即进行滑动，对应提取出 $f(\bullet)$ 的指定区域称为感受野。而每一次 $g(\bullet)$ 进行滑动的跨度可以不相同，对不同的跨度，所提取的指定区域也不同，生成卷积后的矩阵也不相同，这个跨度称为卷积的步长。

【例 4-2】定义两个矩阵 $f(\bullet)$ 和 $g(\bullet)$ 分别为：

$$f(\bullet) = \begin{pmatrix} 1 & 3 & 5 & 0 \\ 0 & 1 & -1 & -1 \\ 3 & -2 & 1 & 4 \\ 0 & 0 & 1 & 2 \end{pmatrix}, g(\bullet) = \begin{pmatrix} 1 & 3 \\ 2 & 4 \end{pmatrix} \tag{4-7}$$

分别用步长 $s = 1,2$ 求其卷积 $Conv(f,g)$。

【解】（1）对于 $s = 1$ 的情况，可以做滑动窗口区域和卷积矩阵各元素列表，如表 4-1 所示。

表 4-1 $s=1$ 时滑动窗口区域和卷积矩阵各元素列表

感受野	对应区域	卷积运算
		$Conv(f,g)_{11} = 1 \times 1 + 3 \times 3 + 0 \times 2 + 1 \times 4 = 14$
		$Conv(f,g)_{12} = 3 \times 1 + 5 \times 3 + 1 \times 2 + (-1) \times 4 = 16$
		$Conv(f,g)_{13} = 5 \times 1 + 0 \times 3 + (-1) \times 2 + (-1) \times 4 = -1$
		$Conv(f,g)_{21} = 0 \times 1 + 1 \times 3 + 3 \times 2 + (-2) \times 4 = 1$
		$Conv(f,g)_{22} = 1 \times 1 + (-1) \times 3 + (-2) \times 2 + 1 \times 4 = -2$

感受野	对应区域	卷积运算
$\begin{matrix} 1 & 3 & 5 & 0 \\ 0 & 1 & -1 & -1 \\ 3 & -2 & 1 & 4 \\ 0 & 0 & 1 & 2 \end{matrix}$	$\begin{matrix} -1 & -1 \\ 1 & 4 \end{matrix}$	$Conv(\boldsymbol{f},\boldsymbol{g})_{23}=(-1)\times 1+(-1)\times 3+1\times 2+4\times 4=14$
$\begin{matrix} 1 & 3 & 5 & 0 \\ 0 & 1 & -1 & -1 \\ 3 & -2 & 1 & 4 \\ 0 & 0 & 1 & 2 \end{matrix}$	$\begin{matrix} 3 & -2 \\ 0 & 0 \end{matrix}$	$Conv(\boldsymbol{f},\boldsymbol{g})_{31}=3\times 1+(-2)\times 3+0\times 2+0\times 4=-3$
$\begin{matrix} 1 & 3 & 5 & 0 \\ 0 & 1 & -1 & -1 \\ 3 & -2 & 1 & 4 \\ 0 & 0 & 1 & 2 \end{matrix}$	$\begin{matrix} -2 & 1 \\ 0 & 1 \end{matrix}$	$Conv(\boldsymbol{f},\boldsymbol{g})_{32}=(-2)\times 1+1\times 3+0\times 2+1\times 4=5$
$\begin{matrix} 1 & 3 & 5 & 0 \\ 0 & 1 & -1 & -1 \\ 3 & -2 & 1 & 4 \\ 0 & 0 & 1 & 2 \end{matrix}$	$\begin{matrix} 1 & 4 \\ 1 & 2 \end{matrix}$	$Conv(\boldsymbol{f},\boldsymbol{g})_{33}=1\times 1+4\times 3+1\times 2+2\times 4=23$

整理后，可得出卷积后的矩阵为：

$$Conv(\boldsymbol{f},\boldsymbol{g})=\begin{pmatrix} 14 & 16 & -1 \\ 1 & -2 & 14 \\ -3 & 5 & 23 \end{pmatrix} \tag{4-8}$$

（2）对于 $s=2$ 的情况，可做出对应的滑动窗口，如表 4-2 所示。

表 4-2　$s=2$ 时对应的滑动窗口

感受野	对应区域	卷积运算
$\begin{matrix} 1 & 3 & 5 & 0 \\ 0 & 1 & -1 & -1 \\ 3 & -2 & 1 & 4 \\ 0 & 0 & 1 & 2 \end{matrix}$	$\begin{matrix} 1 & 3 \\ 0 & 1 \end{matrix}$	$Conv(\boldsymbol{f},\boldsymbol{g})_{11}=1\times 1+3\times 3+0\times 2+1\times 4=14$

感受野	对应区域	卷积运算
$\begin{matrix} 1 & 3 & \boxed{5 \quad 0} \\ 0 & 1 & \boxed{-1 \ -1} \\ 3 & -2 & 1 \quad 4 \\ 0 & 0 & 1 \quad 2 \end{matrix}$	$\begin{matrix} 5 & 0 \\ -1 & -1 \end{matrix}$	$Conv(\boldsymbol{f},\boldsymbol{g})_{12} = 5\times 1 + 0\times 3 + (-1)\times 2 + (-1)\times 4 = -1$
$\begin{matrix} 1 & 3 & 5 & 0 \\ 0 & 1 & -1 & -1 \\ \boxed{3 \ -2} & 1 & 4 \\ \boxed{0 \ \ 0} & 1 & 2 \end{matrix}$	$\begin{matrix} 3 & -2 \\ 0 & 0 \end{matrix}$	$Conv(\boldsymbol{f},\boldsymbol{g})_{21} = 3\times 1 + (-2)\times 3 + 0\times 2 + 0\times 4 = -3$
$\begin{matrix} 1 & 3 & 5 & 0 \\ 0 & 1 & -1 & -1 \\ 3 & -2 & \boxed{1 \quad 4} \\ 0 & 0 & \boxed{1 \quad 2} \end{matrix}$	$\begin{matrix} 1 & 4 \\ 1 & 2 \end{matrix}$	$Conv(\boldsymbol{f},\boldsymbol{g})_{22} = 1\times 1 + 4\times 3 + 1\times 2 + 2\times 4 = 23$

整理后，可得卷积后的矩阵为：

$$Conv(\boldsymbol{f},\boldsymbol{g}) = \begin{pmatrix} 14 & -1 \\ -3 & 23 \end{pmatrix} \tag{4-9}$$

从例 4-2 中可知，若对图像进行直接卷积，那么无论步长 s 为多少，其卷积生成的矩阵都会比原矩阵小。这是由于对于不同的区域，都进行了卷积的操作，因而信息得到了一定的浓缩。并且，步长 $s=2$ 的区域缩小比步长 $s=1$ 的程度较大，这是由于步长较大时，$\boldsymbol{g}(\bullet)$ 在 $\boldsymbol{f}(\bullet)$ 上移动的跨度越大，进行卷积操作的位置以输出对应位置信息的个数越少而导致。

但是在有些情况下，可能希望输入图像和输出图像在进行卷积后维持相同的大小，并保持卷积有意义，此时可以固定步长 $s=1$，并在图像边缘加 β 条填充为 0 的外围边界后，再去进行卷积操作，这个方法称之为 Padding 操作。如图 4-1 所示，分别是 $\beta=0$、1、2 时的图像。

可以看出，β 越大，那么图像的尺寸也就越大，从而克服了卷积后图像缩小问题，但也会导致卷积运算的次数增多，计算量增大。一般而言，假设一张可由方阵表示的图像边长为 w，那么经过 β 条 Padding 后，其尺寸变为：

$$w' = w + 2\beta \tag{4-10}$$

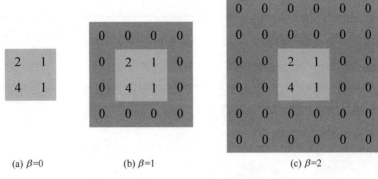

(a) β=0   (b) β=1   (c) β=2

图 4-1　不同 Padding 对图像大小的影响

为计算输出图像大小，可假设卷积核 $g(\bullet)$ 也是一个方阵，其边长为 w_k。对步长 $s=1$ 的情况，在图像上、下、左、右边缘，与对应的卷积中央像素的长度关系如图 4-2 所示。

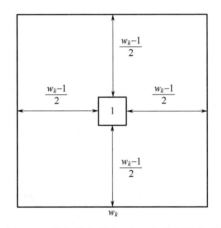

图 4-2　卷积核与卷积后尺寸减少量关系

因此其图像宽度减少量为：

$$d = w_k - 1 \tag{4-11}$$

对于 $s=1$ 时，最终输出图像的大小为：

$$w_o = w' - d = 1 + w + 2\beta - w_k \tag{4-12}$$

对于步长 $s>1$ 的情况，由于移动到图像边缘可能会出现越界，例如 $s=2$ 时，当卷积核右边缘移动到距离图像右边缘仅 1 个像素时，若下一次卷积再次移动 s 个单位，则会造成卷积核范围超出图像范围，无法继续卷积。因此在这种情况下，在公式中可以表示卷积核移动"除不尽"，需要向下取整。向下取整后，由边界造成的尺寸减少量仍保持不变，即：

$$w_o = 1 + \left\lfloor \frac{w + 2\beta - w_k}{s} \right\rfloor \qquad (4\text{-}13)$$

式中，符号 $\lfloor \cdot \rfloor$ 表示向下取整。而对于输入图像和卷积核各边尺寸不相等时，根据上述推导过程，也可推出输出图像的尺寸为：

$$\begin{cases} w_o = 1 + \left\lfloor \dfrac{w + 2\beta - w_k}{s_w} \right\rfloor \\[2mm] h_o = 1 + \left\lfloor \dfrac{h + 2\beta - h_k}{s_h} \right\rfloor \end{cases} \qquad (4\text{-}14)$$

式中，(s_w, s_h) 表示在图像长、宽方向上的步长；(w_k, h_k) 表示卷积核的长度、宽度。而很容易证明当步长 $s = 1$ 时，也满足式(4-14)，因此可以得到使卷积有意义时，保持输入输出图像尺寸相同时应具有的 β 为：

$$\beta = \frac{w_o - w + w_k - 1}{2} \qquad (4\text{-}15)$$

而此时可能出现 β 不为整数的情况，说明无论 Padding 为多少，总不能保证输入和输出图像尺寸相同。此时可以采用不对称加边方法，即仅在图像的长、宽各一边上加 β 次 Padding，而另外一侧的长、宽两边加 $\beta - 1$ 次 Padding 即可。

但是，上述基于二维矩阵定义的卷积对于一般的彩色图像而言，考虑到彩色图像具有 RGB 三个通道，因而需要将其扩展到多通道的情况。同时考虑灰度图像和彩色图像以及多通道卷积后的中间图像，设卷积前的输入图像具有 c_i 个通道，则可将二维的卷积核也扩展到 c_i 个通道，即每个卷积核的尺寸为 (w_k, h_k, c_i)。根据卷积的概念，一个卷积核对一个具有 c_i 个通道的图像进行卷积后，则会生成尺寸为 (w_o, h_o, c_i) 的图像。而如果具有 N 个尺寸相同的卷积核，每个卷积核分别进行卷积，再将输出的图像堆叠起来，那么输出图像的尺寸就应该为 $(w_o, h_o, 3N)$。但事实上，为了输入和输出的通道数可以保持任意，对于每个卷积核，进行卷积后还需要将卷积后图像的各个通道上的数值进行相加，生成尺寸为 (w_o, h_o) 的图像，称之为特征图。

这样做的好处一个是不违背卷积的基本运算规律，不会引入非线性。另一个是可以使输出通道数 c_o 可以与输入通道数 c_i 相互独立，以配合硬件设备提高运算的效率。具有 c_i 通道的输入图像，经过 c_i 个尺寸相同卷积核进行卷积后生成具有 c_o 个通道的特征图的过程称为多通道卷积。对于每一个卷积核，相互独立的维度数只有两个，通道数则受到输入图像的制约，不是独立的，因此一般图像的多通道卷积本质上仍是一种二维卷积。

在 Python 的神经网络框架 Pytorch 中，卷积层的定义为：

```
from torch import nn as nn
nn.Conv2d(in_channels,
        out_channels,
        kernel_size,
        stride=1,
        padding=0,
        dilation=1,
        groups=1,
        bias=True)
```

在卷积层定义中，参数 in_channels 表示卷积层的输入通道数，out_channels 表示卷积层的输出通道数。对于彩色图像第一次卷积，输入通道数为 RGB 三个通道，输出通道数一般大于 3。而 kernel_size 表示卷积核的大小，可以指定一个数 w_k，表示卷积核尺寸中长宽相等，也可以指定一个元组 (w_k, h_k)，表示卷积核的尺寸为宽 w_k、高为 h_k 的长方形。参数 stride 表示卷积的步长，默认为 1，也可以指定一个元组，分别表示第 1、2 维度的步长。参数 padding 则表示加边数，默认为 0，即 $\beta = 0$，不在输入图像外侧填充 0。参数 dilation、groups 和 bias 分别表示膨胀数、分组数和偏置。其中膨胀数表示卷积核相邻两个像素之间的间距；分组数表示输入图像通道的分组数，即可以将具有 c_i 个通道的输入图像分为 K 组，每个组具有 $\frac{c_i}{K}$ 个通道，分别进行卷积，偏置则表示在卷积结果中添加常数增量，其参数也是可调整的。

4.2　卷积神经网络的组成

卷积神经网络是处理图像信息频繁使用的网络结构，使用的层类型通常包含卷积层、池化层，早期还包括全连接层。

4.2.1　卷积层

对于一般的 2D 卷积网络而言，卷积层的作用主要是提取图像的特征，每一个卷积层就是将具有 c_i 个通道的输入图像通过多通道卷积映射成具有 c_o 通道的输出特征图。根据离散卷积的定义式，卷积层的运算过程为一个线性过程，若直接堆叠多个卷积层,则其卷积层的卷积公式仍可以写成单一卷积层的公式,因此两个卷积层之间,通常需要使用激活函数进行非线性变换。

4.2.2 池化层

与一般的多层感知机不同,对卷积神经网络,池化层也是重要的组成部分。池化层的主要作用是对卷积层卷积后的输出特征图进行二维的下采样,以继续浓缩信息并减少后续卷积的参数量,加快运算速度。位于卷积层之间的池化层,按照下采样的方式,分为最大下采样和平均下采样。最大下采样过程如图 4-3 所示,平均下采样如图 4-4 所示。

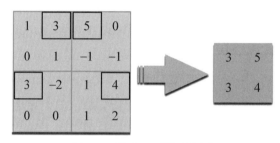

图 4-3　最大下采样过程图

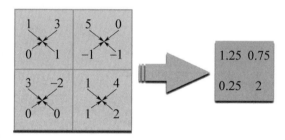

图 4-4　平均下采样过程图

首先需要将图像切分为若干个尺寸为 (w_p, h_p) 的矩形,并且也允许矩形中有重叠区域存在,随后在每个矩形内部元素中取最大值,并将其拼接起来形成一个新的矩形。可见,最大池化保留的是输出特征图每个通道上特定区域的最大值,而最大值一般决定了图像中的主要特征,并且在一定程度上可以去除较小值即图像中的噪声区域。

对于平均池化而言,同样需要将图像切分为若干份,允许重叠区域的存在。但与最大池化不同,平均池化的下采样方式是将每个区域内的数值取平均后,再拼接成一个矩阵。该下采样方式保留了图像中尽可能多的特征,因为其既考虑到了较大的值也考虑到了较小的值。但是,可能会出现部分大量噪声及不重要特征的干扰，因此较不常用。

位于卷积层之间的池化层在 Pytorch 库中也有两种类型，其定义为：

```
from torch import nn as nn
nn.MaxPool2d(size=2, stride=2)
nn.AvgPool2d(size=2, stride=2)
```

其中，MaxPool2d 表示二维最大池化，而 AvgPool2d 表示二维平均池化。函数中包含两个参数，分别是池化分割区域的尺寸，支持数字（表示区域的长宽相等）以及元组输入。而 stride 表示步长，与卷积层一样，池化层也允许重叠区域存在，因此可以定义步长，一般池化层步长的设置与池化分割的尺寸相同，也就是池化区域不重叠。

4.2.3 全连接层

全连接层是多层感知机的主要组成部分，而在早期的卷积神经网络中，也用于连接二维的卷积层输出特征图与具体的分类、回归要求的尺寸中，从而满足具体要求。其连接的方式如图 4-5 所示。

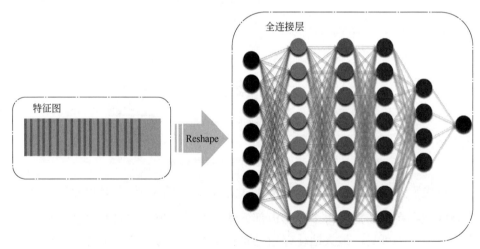

图 4-5　最后一层特征图与全连接层

图 4-5 中，由于前置的卷积层和池化层，使特征图的通道数不断增加，但长宽尺寸不断减小，总体含有的像素个数减小，因此可以将它直接按顺序展开成一维向量，随后连接若干个全连接层及激活函数层，最终输出若干个参数，完成分类或回归等问题。这种方式考虑到了特征图中每个像素的信息，具有信息最大保真性。但问题也是很明显的，最后一层特征图虽然尺寸相对较小，但

由于其通道较多（可能会有 512、1024 或更多通道数），因此第一层全连接层较宽，从而使后续全连接层的参数量不断增大。此外，Reshape 操作也可以使用卷积来代替，对于输入特征图尺寸为 (w, h, c_1)，需要展平为 $(1, 1, whc_1)$，则可以使用尺寸为 (w, h) 的卷积核，共 whc_1 个卷积核进行卷积。但这样全连接层的参数量将继续增加。一般而言，全连接层的参数可以占到整个卷积神经网络的 80% 以上，因此全连接层具有参数冗余性。

而为了解决参数较多的问题，可以采用全局最大池化（或全局平均池化）的方式。

4.2.4　全局最大/平均池化

全局最大/平均池化是最大/平均池化的推广，给定二维特征图尺寸 (w, h)，如果定义池化区域大小为 (w, h)，即在二维特征图上池化区域只有一个，尺寸与特征图尺寸相同，从而输出特征图的尺寸为 $(1, 1)$，这样进行的池化称为全局池化。

如图 4-6 所示，考虑到最后一层特征图长宽尺寸较小，信息较为密集，可以采用全局最大池化或全局平均池化，而不是展开特征图或通过卷积的操作。

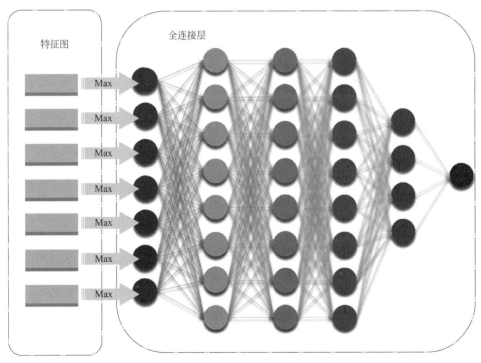

图 4-6　全局最大池化与全连接层

将输出特征图在每个通道上进行全局最大/平均池化，随后将池化结果连接为一个尺寸为 $(1, c_1)$ 的向量，然后连接到若干个全连接，或直接输出较少量的神经元。这样，对比基于 Reshape 的操作，第一层神经元的个数从 whc_1 降低为 c_1 个，从而之后的神经元个数依次递减。因此采用全局最大池化或全局平均池化可以有效降低卷积神经网络总体的参数量，并保留较多信息，尽管由于池化造成的信息丢失，可能造成图像中部分次要信息的丢失。

4.3　事件 2D 卷积的适用范围

4.3.1　编码要求

根据卷积神经网络的概念及事件的几种编码规则，可以看出要进行 2D 卷积，需要事件编码成 2D 矩阵，或具有一定通道意义的 3D 张量。因此，对于 2D 卷积，其适用于事件的 CountImage 编码、局部 CountImage 编码、TimeImage 编码、LeakySurface 编码、点云式编码，而不适用于张量式编码。

对于点云式编码，由于其长宽尺寸不一，因此需要采用矩形卷积核，而对于其他形式的编码，可以采用长宽尺寸相同的卷积核。对于池化层，点云式编码也需要使用矩形的池化层，但一般是直接通过若干个矩形卷积层，转换为长宽尺寸相等的特征图后，再使用一般的正方形池化层。如果直接使用矩形池化层，可能会造成信息丢失。

【例 4-3】分别使用池化核长宽尺寸为 $(1, 2)$，步长为 $(1, 2)$ 及长宽尺寸为 $(1, 3)$，步长为 $(1, 3)$ 的最大池化，将如式(4-16)所示的事件信息池化为 $(1, 4)$ 的向量。

$$
\begin{array}{cccc}
x & y & t & p \\
3 & 4 & 0.01 & +1 \\
4 & 7 & 0.01 & -1 \\
3 & 1 & 0.02 & +1 \\
4 & 2 & 0.02 & -1 \\
3 & 5 & 0.03 & +1 \\
4 & 8 & 0.03 & -1
\end{array}
\tag{4-16}
$$

【解】（1）使用池化核长宽尺寸为 $(1, 2)$，步长为 $(1, 2)$ 进行最大池化，其过程如图 4-7 所示。

并且，对于步长不足的池化，直接将其移动到下一步中进行池化。

（2）对于长宽尺寸为 $(1,3)$，步长为 $(1,3)$ 的最大池化，同样也可以做出池化步骤图，如图 4-8 所示。

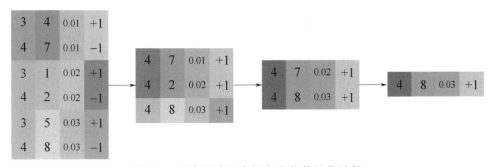

图 4-7　长宽尺寸及步长为 $(1,2)$ 的池化过程

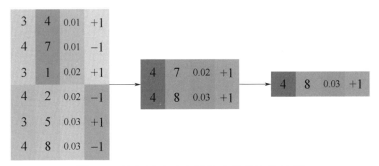

图 4-8　长宽尺寸及步长为 $(1,3)$ 的池化过程

由例 4-3 问题（1）（2）可以发现，对点云直接进行最大池化，无论池化区域尺寸及步长是 $(1,2)$ 还是 $(1,3)$，最后所得的向量是相同的，并且与点云编码每一列的最大值拼成的向量相同，即相当于对点云做了一次按列全局最大池化。并对于尺寸和步长不相等的有重叠池化而言，相当于对点云做了一次按行/列全局最大池化。而对于尺寸不协调问题较为严重（即点云行数 N 远大于点云特征数 D）的点云而言，将其直接池化成尺寸为 (D,D) 的点云，相当于使用池化区域大小为 $\left(1, \dfrac{N}{D}\right)$ 的池化核进行最大池化，而考虑到 N 远大于 D，因此最大池化信息丢失的程度大致相当于直接对点云进行全局最大池化。因而，需要使用平均池化、矩形卷积核或多层感知机的方式将点云信息加宽加厚，从而减小点云

的特征信息丢失程度。

4.3.2 直接事件卷积存在的问题

根据离散卷积的定义以及事件的特征，在部分编码情况下，事件是以二维图像/三维张量上的一个点表示的，而如果直接对一个点进行卷积和池化，则点的特征就会消失。

【例4-4】使用卷积核尺寸为$(3,3)$，内部填充全为1，步长$s=1$，Padding $\beta=0$ 对如下的事件点进行两次卷积，写出卷积结果。

$$f(\cdot)=\begin{pmatrix} 0 & 0 & 0 & 0 & 0 & 0 & 0 & 0 \\ 0 & 0 & 0 & 0 & 0 & 0 & 0 & 0 \\ 0 & 0 & 1 & 0 & 0 & 0 & 0 & 0 \\ 0 & 0 & 0 & 0 & 0 & 0 & 0 & 0 \\ 0 & 0 & 0 & 0 & 0 & 0 & 0 & 0 \\ 0 & 0 & 0 & 0 & 0 & 1 & 0 & 0 \\ 0 & 0 & 0 & 0 & 0 & 0 & 0 & 0 \\ 0 & 0 & 0 & 0 & 0 & 0 & 0 & 0 \end{pmatrix} \tag{4-17}$$

【解】用内部全为1的卷积核对式(4-17)的事件编码进行卷积的过程如图4-9所示。

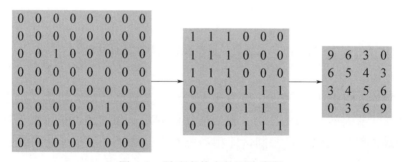

图 4-9 稀疏事件点的两次卷积

基于例4-4可看出，事件点在图像上原本较为稀疏，数值为0的像素占80%以上，而经过两次卷积后，数值为0的像素仅剩下2个，且原始图像上的两个点的连接已完全被破坏。因此，卷积操作破坏了图像上的稀疏性，有时还会破坏点与点之间的关系。所以，对于事件数据，尤其是张量式编码或TimeImage编码等，可能出现原有特征的破坏现象。同时，对于 CountImage 编码及局部

CountImage 编码，由于传感器出现的噪点区域可能会扩大，也有可能破坏原有的特征。此时，就需要使用另一种卷积方式进行特征提取——稀疏卷积。

4.4 思考与练习

1．为何工程上常选取尺寸较小的卷积核？

2．卷积过程是否可以转换为矩阵的形式从而加快运算，无需进行卷积核的滑动？

3．为何对于行/列数为奇数的图像使用偶数大小的池化核进行池化的过程中不能直接丢掉多余的行/列？

4．进行 Padding 操作的意义是什么？

5．最大池化和全局最大池化有何异同点？

第5章

事件的稀疏卷积

在深度学习中，稀疏性指的是在一个向量、矩阵或张量中大部分元素都为 0，只有少数几个元素是非 0 元素的特性。稀疏性常出现在图像、语言等模型中。例如存储 10 万个单词的向量，在做翻译任务时不一定会用到向量中的每个元素，即每个词汇，而可能只需要少数几个词汇即可完成翻译任务。此时，该向量中与翻译任务不相关词汇都置成 0，因此在这个例子中，"0"占据了一个向量为绝大部分的元素，这个向量为一个稀疏向量。

稀疏性可以有效减小计算量、减小计算的冗余，并在一定程度上提高精度。但直接卷积神经网络中的稀疏矩阵最后会被卷积操作"卷"成不具有稀疏特征的，使后续卷积层的计算量加大。

此外，对于手写数字识别、字母识别或事件的 TimeImage 编码、张量式编码而言，其边界像素可能较窄，直接使用卷积会破坏其稀疏性（流形性），因此可以使用稀疏卷积，以便在保留其稀疏性的同时提取其中的特征。

5.1 稀疏卷积的基本原理

5.1.1 SC 层的定义

对于普通 2D 卷积而言，导致输入数据稀疏性减弱的原因是其计算过程，只要感受野内有非 0 数值，那么对应卷积后的特征图上该位置也是非 0 的。对于一个尺寸为 (3,3) 的感受野，对一个数字进行卷积则会导致输出特征图有 9 个数字不为 0。

因此，解决该问题的关键思路在于如何不让输出特征图在卷积核的卷积下导致更多的非 0 元素出现。SC 层给出的解决思路在于使用"站点"这一概念表示输入特征图的非 0 元素。而在卷积完成后，则仅需要保证"站点"的元素仍然是非 0 的，其余元素均直接置为 0。

对于位于边缘的元素，在不考虑 Padding 的情况下，经卷积核进行卷积后，其位置发生了改变，但仍处在输出特征图的边缘位置。因此对于边缘的元素，其输出特征图的位置由卷积核的尺寸和 Padding 决定。

考虑到输入和输出特征图在稀疏的条件下尺寸均较大，因此通常采用一定的 Padding 保持输入与输出特征图尺寸相同，防止边缘点移动造成计算消耗。

【例 5-1】已知卷积核和输入特征图如图 5-1 所示，步长为 1，Padding 数 $\beta = \dfrac{1}{2}$（在左上方加边），求经过一次 SC 层的卷积结果。

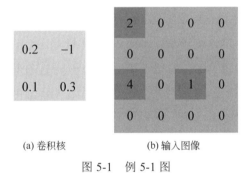

(a) 卷积核　　　　　(b) 输入图像

图 5-1　例 5-1 图

【解】根据 SC 层的概念，首先需要对输入图像进行一次普通 2D 卷积，得到输出特征图如图 5-2 所示。

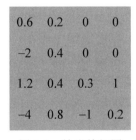

图 5-2　输出特征图

随后，将输入特征图中非 0 元素的位置与输出特征图相对应，并用相同颜色表示，如图 5-3 所示。

最后，根据 SC 层的概念，可以将输出特征图中的非 0 元素置为 0，即可以得到本例中最后的输出如图 5-4 所示。

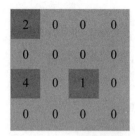

图 5-3　输入特征图非 0 元素位置与输出特征图对应

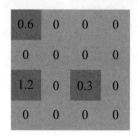

图 5-4　例 5-1 最后的输出

可以观察到，本例中输出特征图与输入特征图对应非 0 元素是成比例的，并且比例系数恰好是卷积核右下角的数字，即输入特征图中非 0 元素乘以 0.3 等于输出特征图中的对应元素。这种特性称之为稀疏卷积的等比例性。但在实际问题中并不一定如此，例如当两个非 0 元素恰好相连时，其输出由感受野的两个或多个元素决定，后续可以使用这种特性以减小计算量。

SC 层简单地使用 Padding 和"站点"的概念，有效避免了普通 2D 卷积后出现稀疏性被破坏的问题。然而，其计算量则超过了 2D 普通卷积，这是因为 SC 层首先需要进行一次 2D 卷积，再保留对应位置的非 0 元素并将其他元素置 0。因此，计算量多出来的部分就在于记录非 0 元素的位置。那么，有没有什么方法无需进行 2D 卷积，即可直接获得稀疏卷积后的输出特征图？此时就可以采用 SC 层的改进版本：VSC 层。

5.1.2　VSC 层的定义

在 SC 层中，首先需要对输入特征图进行一次完整的 2D 普通卷积。但在实际问题中，卷积核的尺寸一般为(3,3)或(5,5)，而输入和输出特征图的尺寸比卷积核的尺寸大 1～2 个数量级。对于事件信息而言，其输入矩阵是十分稀疏的，非 0 元素仅占输入图像的 1%～10%左右。

通过普通卷积的概念，可以知道对于一个与卷积核相同尺寸的子区域与卷积核进行卷积时，如果卷积核中的数值不一定为 0，而子区域中的数值全为 0，那么卷积的结果仍然为 0。也就是说，对全 0 子区域进行普通 2D 卷积，结果仍然是 0，相当于没有进行卷积运算，这种卷积称之为无效卷积，如图 5-5 所示，其中浅灰色部分为非 0 元素，深灰色部分为无效卷积的区域，浅白色部分为有效卷积的 0 元素所在的区域。可以看出，无效卷积的区域占据了全部 0 元素的 90% 以上，因此 2D 普通卷积以及 SC 层都对这类稀疏矩阵具有冗余运算的缺点。

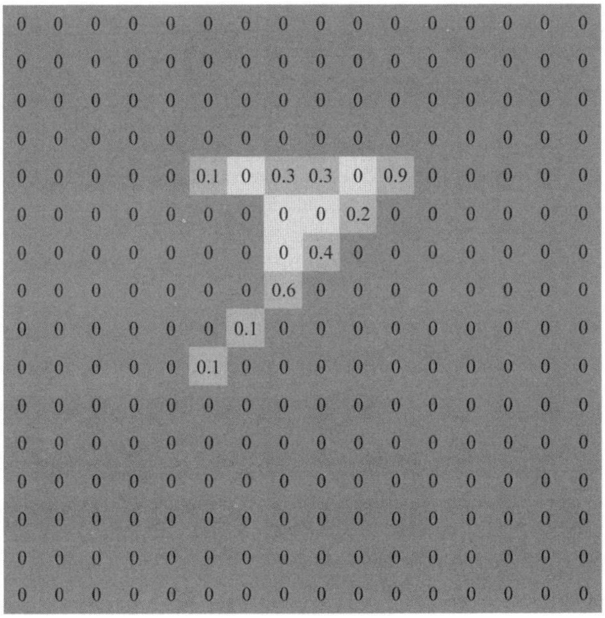

图 5-5　无效卷积

对于稀疏矩阵而言，无效卷积占据了大部分卷积的时间和运算量，因此应该予以避免。避免的方法就是直接对有效卷积和非 0 元素进行卷积，有效卷积区域的本质仍是卷积核，在对此区域卷积的过程中涉及非 0 元素的运算。而在计算机视觉中，寻找矩阵中的非 0 元素的位置是很容易做到的，此时只需要对非 0 元素的各个方向进行卷积就可以了。例如，对于一个尺寸为 (3,3) 的卷积核而言，对一个数字进行各方向卷积可以看作是卷积核的卷积区域包含该数字的卷积的集合，如图 5-6 所示。

这种首先确定有效卷积区域，随后对有效区域内的每个数字周围进行最多 9 种不同方位的卷积，最后像 SC 层一样仅留下对应输入特征图中非 0 元素的方法称为 VSC 层。

如此，在卷积核尺寸为 (3,3) 时，一个数字最多有 9 种不同方位卷积，会占用 (5,5) 的空间，对边界上的数字而言，有些卷积方位还是不存在的，因此 VSC

层的卷积方式所需要卷积的尺寸相比于输入和输出特征图尺寸小得多。若稀疏输入图像中的非 0 元素仅占总元素的 2%，那么 VSC 层所消耗的计算量也仅相当于直接对整个输入图像进行卷积的 2%。

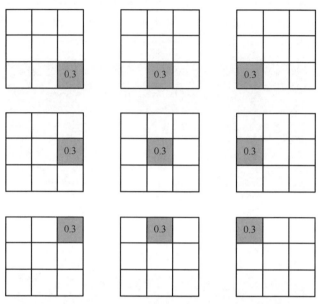

图 5-6　一个数字的 9 种卷积方位

　　而如果在稀疏矩阵内所有元素的间距均可以保证大于或等于 2 倍卷积核的边长，即卷积核在对非 0 元素进行 9 种方位卷积时不会干涉到其他非 0 元素。那么就可以利用稀疏卷积的等比例性，进一步进行稀疏卷积的简化。对尺寸为(3,3)的卷积核，设卷积核中第二行第二列的中心元素为 k_{22}，那么稀疏卷积过程则可以等效为：

$$c_o = k_{22}c_{in} \tag{5-1}$$

　　其计算量几乎可以忽略不计。但这种情况只是理想情况，在大多数情况下，尽管矩阵十分稀疏，但不同非 0 元素之间容易形成"簇"，即不同非 0 元素可能会聚在一块。例如事件相机扫描数字的过程中，数字之外的背景都是 0 元素，而数字所在的区域的事件则是非常密集的，无法运用理想的等比例性进行化简。但尽管不能化简，其计算量也是非常小的，并且在输入特征图完全为空时，不需要消耗任何的计算资源。

　　【例 5-2】给定卷积核：

$$f = \begin{pmatrix} 0.1 & -0.2 & 0.3 \\ -0.4 & 0.5 & -0.6 \\ 0.7 & -0.8 & 0.9 \end{pmatrix} \tag{5-2}$$

以及已经过 Padding，保证输入、输出尺寸相同的输入特征图如图 5-7 所示。

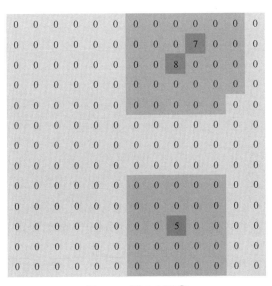

图 5-7　例 5-2 图①

（1）作出有效卷积区域。

（2）使用 VSC 层的卷积方法求输出特征图。

【解】（1）对一个数字进行卷积，卷积核尺寸为 (3,3)，有效卷积会占用以该数字为中心的 (5,5) 区域。分别作出每个数字周围的 (5,5) 范围，忽略超出边界的卷积，如图 5-8 所示。

图 5-8　例 5-2 图②

其中，浅白色区域为有效卷积区域，深灰色区域为非 0 元素所在的区域。

（2）根据卷积的概念，依次对有效卷积区域从图像上方至下方使用卷积核进行卷积，可以得到包含有效卷积的输出特征图如图 5-9 所示。

0	0	0	0	0	0	7.2	−10.6	9.1	−2.8	0
0	0	0	0	0	0	−4.8	6.1	−4.6	0.7	0
0	0	0	0	0	0	2.4	−1.6	0.8	0	0
0	0	0	0	0	0	0	0	0	0	0
0	0	0	0	0	0	0	0	0	0	0
0	0	0	0	0	0	0	0	0	0	0
0	0	0	0	0	0	0	0	0	0	0
0	0	0	0	0	0	0	0	0	0	0
0	0	0	0	0	0	4.5	−4	3.5	0	0
0	0	0	0	0	0	−3	2.5	−2	0	0
0	0	0	0	0	0	1.5	−1	0.5	0	0

图 5-9　例 5-2 图③

最后，仅留下输入特征图中的非 0 元素，获得输出特征图如图 5-10 所示。

0	0	0	0	0	0	0	0	9.1	0	0
0	0	0	0	0	0	0	6.1	0	7	0
0	0	0	0	0	0	0	0	8	0	0
0	0	0	0	0	0	0	0	0	0	0
0	0	0	0	0	0	0	0	0	0	0
0	0	0	0	0	0	0	0	0	0	0
0	0	0	0	0	0	0	0	0	0	0
0	0	0	0	0	0	0	0	0	0	0
0	0	0	0	0	0	0	0	0	0	0
0	0	0	0	0	0	0	2.5	0	0	0
0	0	0	0	0	0	0	0	5	0	0

图 5-10　例 5-2 图④

可以看出对于右上角原先的元素“7、8”而言，由于其聚成了一簇，因此不可以使用等比例性质进行卷积的化简，相互之间发生了卷积的相关联性，卷积前后的数值不成比例。而对于右下方的元素"5"，由于其周围 (5,5) 范围内没有任何非 0 元素，因此该元素的卷积可以使用等比例性质进行化简，直接使用卷积核第二行第二列的元素"0.5"乘以孤立元素，得出输出的孤立元素数值。

5.2　稀疏池化与全连接层

5.2.1　稀疏池化层

稀疏卷积可以保证输入特征图尺寸与输出特征图尺寸相当，而如果一直保持尺寸相当，则无法进行后续的分类、检测等工作，因此也需要进行池化操作减小特征图的尺寸。但是，在进行特征图尺寸减小的过程中，可能会导致稀疏点信息丢失的问题。

【例 5-3】使用尺寸为 (2,2) 的直接最大池化对如图 5-11 所示的特征图进行一次池化。

图 5-11　例 5-3 图

【解】首先将特征图划分为 (2,2) 的区域，再根据一般最大池化的操作进行池化，如图 5-12 所示。

从例 5-3 中可以看出，原本有两个稀疏点，经过池化操作后仅剩下了一个稀疏点，其信息丢失率为 50%。因此，为了解决最大池化/平均池化可能带来的问题，保留全部稀疏点，并且尽量不损失稀疏点的空间分布特征，可采用稀疏池化的方式。

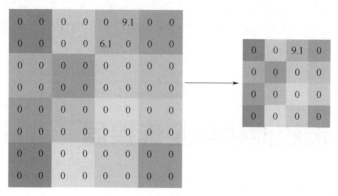

图 5-12　例 5-3 最大池化操作

由于稀疏输入图像中大部分区域为 0，其进行 (2,2) 最大池化后的结果仍为 0，那么这些 "0" 则可看成是 "空位"。稀疏池化后，需要把一般池化丢失的信息优先填充于空间构型与未丢失点相同的空位中，如果空间构型相同的空位被其他元素所占，则填充于未丢失点最近的空位中。如果池化后所有空位均被占满，那么就说明池化后的矩阵不再是一个稀疏矩阵，可以允许信息的修饰，因此无需将丢失的信息做任何处理。

例如，例 5-3 中 "9.1" 左下方的 "6.1" 在池化过程中丢失。而池化后 "9.1" 左下角为空位，因此可将 "6.1" 直接填充于该空位中。而假设池化后左下角的空位不为 0，那么则填充于距离 "9.1" 最近的空位中，可填充左侧或右侧。

【例 5-4】使用尺寸为 (2,2) 的最大稀疏池化对如图 5-13 所示的特征图进行两次池化。

9.1	0	0	0
0	1.3	0	0
0	0	0	0
0	0	0.2	0

图 5-13　例 5-4 图

【解】首先进行一次直接最大池化，并记录丢失信息，如图 5-14 所示。

可以发现，位于 "9.1" 右下角的 "1.3" 在池化过程中丢失，并且池化后的矩阵存在空位。因此需要将 "1.3" 记录到对应的空位中。首先，由于池化后 "9.1" 右下角的数字被 "0.2" 占据，因此 "1.3" 无法安放于池化后 "9.1" 的右下角。随后可以发现 "9.1" 的右方和下方均有空位，则可以将其任一安放于 "9.1"

的右方或下方，如图 5-15 所示。

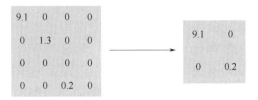

图 5-14　进行一次直接最大池化

图 5-15　补充右上方空位

随后再对输出的矩阵进行直接最大池化，得到一个尺寸为 (1,1) 的矩阵，其元素为 "9.1"，而由于该矩阵内没有多余空位，因此丢失的两个信息 "1.3""0.2" 无需做任何处理，只需丢弃。

由例 5-4 可知，稀疏池化会让稀疏矩阵尽量不丢失信息和空间结构，因此稀疏矩阵的稀疏性有所下降，但其下降的原因并不是像直接 2D 卷积造成的冗余信息，而是尽量保证信息不丢失所造成的，并无任何冗余信息。在连续进行多次稀疏卷积和池化后，如果稀疏矩阵的稀疏程度小于某一阈值，那么后续层就可以直接使用普通 2D 卷积进行，无需继续采用稀疏卷积。

如果在多个稀疏卷积、稀疏池化层后的输出特征图仍然具有稀疏性，那么则需要采用稀疏全连接层。

5.2.2　稀疏全连接层

一般全连接层是将输出特征图直接展开成一个向量。而对于稀疏矩阵，将其展平为一个向量后，由于并未进行卷积、池化等操作，因此该向量中非 0 元素和 0 元素的总数和比例仍保持不变，该向量仍然具有稀疏性。这对神经网络是十分不利的，因为全连接层的计算量和参数量本来就非常大，而过多无用的 0 值则会让对应的权重无用处，相当于大部分神经元处于"失活"的状态。此时，需要考虑的就是如何消去更多的 0 值。

考虑到全连接层的一个重要特征是没有空间结构，只有一定的一维结构，因此输出特征图中非 0 数值的二维位置的重要性也会下降。所以，在将输出特征图展开成一维向量时，可直接跳过 0 元素，仅将非 0 元素进行展开和排列，这样，即可减小输入全连接层的向量尺寸。

对于不同的数据，这样做使得输出特征图中非 0 元素的数值也是不确定的，网络的权重矩阵也是不确定的。对此，可根据具体的数据集进行调整，以数据集中最密集的事件信息进行参照，预估展平后向量的尺寸。对于展平后向量尺寸小于预估向量尺寸的数据文件，可在其展平向量的两侧对称添加若干个 0，以达到展平后向量的尺寸，再进行训练。如此，可解决向量尺寸不确定的问题。

5.3　稀疏卷积的特征

5.3.1　编码要求

由于 SC 层和 VSC 层均是在普通 2D 卷积的基础上定义的，因此与 2D 卷积类似，除了张量式编码的事件信息，其余所有事件编码均可使用稀疏卷积进行化简。

但是，对于点云式编码而言，由于其内部没有非 0 元素，因此就算使用计算量消耗较小的 VSC 层进行稀疏卷积，其计算复杂度仍相当于普通 2D 卷积。而对于 CountImage 编码，使用 VSC 层可以减小计算量，但由于 CountImage 编码中的事件信息非常密集，因此使用 VSC 层减小的计算量并不可观，甚至可能使用 VSC 对非 0 数值点进行发现和排序，所需要使用的时间会大大超过直接使用普通 2D 卷积或使用 SC 层卷积的时间。

综上，稀疏卷积的优势仅体现在局部 CountImage、TimeImage 等编码上。这是由于这两种编码内，事件信息的密集程度较低，并且蕴含更多有用的特征信息。

5.3.2　流形拟合特性

对比普通卷积和稀疏卷积，稀疏卷积具有信息无冗余、计算效率高等特点。此外，对于一维的直线或曲线，稀疏卷积都可以进行很好的处理，而不像普通卷积，它可以轻易处理这类具有流形的函数，而不会造成计算效率低下、信息冗余的问题。也就是说，稀疏卷积可以拟合这类具有流形特征的直线或曲线。

5.3.3　稀疏卷积的缺点

　　尽管稀疏卷积相比于普通 2D 卷积具有一系列优点，但仍会造成一些问题。例如，对于间隔较远的站点，无法进行信息交流。在图像识别任务中，间隔较远的非 0 元素可能代表同一类物体，因此需要进行一定的信息交流，而稀疏卷积保证了输出特征图的非 0 元素位置与输入特征图非 0 元素位置相同，也就无法使点的位置改变。这样的策略，也会无形中丢失一些有用的信息，例如在例 5-2 中，右上角的两个点进行卷积后产生了联系，而仅保留两点信息进行输出会切断这两点的联系，不利于提高计算机视觉任务的准确性。

5.4　思考与练习

1. 为何稀疏卷积网络有时会使用普通的 2D 卷积层？
2. SC 层和 VSC 层各自的优缺点是什么？
3. 如何提取图像中的非 0 点坐标？
4. 等比例性质产生的原因是什么？
5. 有效卷积区域和无效卷积区域之间有什么联系？

第6章

事件的图卷积

事件信息本身可以看作四维空间中的一个点,如果将极性 p 作为点的信息,那么可以看成是三维空间中的点。这些点可能离彼此较为接近,有些点则离彼此较远。而距离的远近不仅可以反映在事件的编码中,还可以通过连接两个点,判断其边长来确定。随后可以通过某种方式确定事件中两个点是否应该连接,从而构建事件图编码,通过图卷积的方式进行信息提取。

6.1 图卷积的基本原理

6.1.1 事件的采样

由于传感器收集到的事件信息可能较多、较为稠密,尽管将其编码成以 (X,Y,T) 为三个独立维度的三维张量时,在计算机中表示为一个稀疏矩阵,但是从时间跨度上来说,由于事件相机的时间分辨率为微秒级,因此在此 t 维度上坐标跨度较大时,在传感器中仍然仅表示为一个极小的时间间隔。而对事件采样的要求是总事件数 N 远远大于采样后的事件总数 M,同时信息损失尽可能小,这样才能使后续的图构建和图卷积具有一定的效率性。事件的采样步骤作为图卷积步骤的第一步,要求耗时也不能太长,否则影响整个算法执行的效率。

因此,在满足该要求的情况下,存在多种采样方式。例如,使用最大池化与平均池化,将其扩展到三维;也可以使用 CountImage 编码方式,同时设置一定的阈值 T_h,使像素中的值满足 $T_{pi} < T_h$ 的像素全部清零,也就是仅保留图像内积累事件个数较多的像素。

但是使用三维最大池化或平均池化的方式存在时间-空间变化性,即如果使用池化核大小为 $(2,2,2)$,步长均为 2 的最大池化,对事件的三维张量进行池化,在不考虑移动步长越界的情况下，池化一次后所得的张量尺寸为 $\left(\dfrac{X}{2}, \dfrac{Y}{2}, \dfrac{Z}{2}\right)$，

即在每个维度上均为原张量的 $\dfrac{1}{2}$，也就是说无论在时间维度还是空间维度，池化后的张量尺寸均发生了改变。时间维度 T 上的尺寸改变可以理解为信息的浓缩过程，空间维度 (X,Y) 中的尺寸改变，则会影响后续的过程。因此，一种可替代的方式是仅在时间维度上进行池化，由于三维张量中所存储的信息为极性，即储存信息为 $p\{-1,+1\}$，而仅有两个离散取值的信息，在进行最大池化后，则会保留较大值，在进行平均池化后，可能会出现池化结果为 0 的情况，因此仅对时间维度进行池化也是不可行的。

对于 CountImage 的阈值化方法，由于一张图上的像素值非常多，因此尽管增加了阈值，但保留下的像素个数也是较多的。其替代方案是使用分布式阈值，即设置的 T_h 根据图像中保留点的个数来确定，例如确定阈值为保留10%的像素不为 0 时确定的像素值。但这种思路需要预先确定图像中像素的分布，对于分布未知的情况，则需要通过迭代进行计算，且计算量大。其次，CountImage 编码丢失了时间维度上的信息，因此进行图构建只能在二维平面内进行，对运动物体的建模并不精确。

那么，是否可以结合池化的优点和 CountImage 的优点呢？实际上，可以对三维张量编码取一定的时间长度，作为单位时间长度 t_1。同理，对 (X,Y) 两个维度，也可以划分为单位长度为 (x_1, y_1) 并不重叠的小区域，这样，结合空间的划分和时间的划分，就可以得到一个包含若干个立方体的三维张量，如图 6-1 所示。

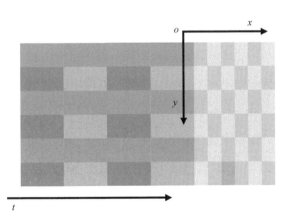

图 6-1　事件的划分

为了节省计算的资源，对于在时间和空间划分的网格数也不宜过多。设每个网格内的事件集合为：

$$\xi_i = \{(x, y, t, p) | x, y, t \in \Omega\} \tag{6-1}$$

式中，Ω 表示在时间-空间维度上划分的网格坐标范围。设 $|A|$ 表示某个集合 A 的基数，即某个集合中元素的个数，则网格中事件的个数可以表示为 $|\xi_i|$。一种较为节省计算量的方式是直接在每个网格中随机选取 1 个事件元素，这样既可以保留其空间信息，也可以保留其时间信息。但这样并没有考虑到网格的密度问题，对于部分网格，网格中可能不存在任何事件信息，而对于其他网格，网格中可能存在的事件信息数较多，这样就会导致网格中事件信息的个数 $|\xi_i|$ 差距较大，且分布未知。

因此，可以采用的另一种思路是按照网格中事件点的个数进行选取。首先，可以通过取最大值函数或快速排序的方法，获得网格中事件最多的点的个数 $|\xi_{max}|$，随后将区间 $[0, |\xi_{max}|]$ 划分为 k 份。

$$\rho = \left[n\frac{|\xi_{max}|}{k}, (n+1)\frac{|\xi_{max}|}{k} \right] \tag{6-2}$$

对于网格中点的个数位于区间(6-2)内的点，随机采样 n 个事件，其中 n 的取值范围为：

$$n \in Z \wedge n \in [0, k-1] \tag{6-3}$$

也就是说，将最大点个数的区间 ξ_{max} 分割成 k 份后，最多在每个区间内取 $k-1$ 个点，而最少取 0 个点。在实际应用中，分割分数 k 是一个超参数，可以设置一个较小值，从而满足事件采样后的个数 $M \ll N$。

【例6-1】取空间划分长度 $(x_1, y_1) = (4, 4)$，选取合适事件分割数，对下面的二维事件进行分割和随机采样。

$$f(\cdot) = \begin{pmatrix} 1 & 0 & 0 & 0 & 0 & 1 & 1 & 0 \\ 0 & 1 & 0 & 0 & 0 & 0 & 1 & 1 \\ 1 & 0 & 0 & 0 & 0 & 0 & 1 & 0 \\ 0 & 1 & 0 & 0 & 1 & 1 & 0 & 0 \\ 0 & 0 & 0 & 0 & 0 & 0 & 1 & 0 \\ 0 & 1 & 0 & 0 & 0 & 0 & 0 & 0 \\ 0 & 0 & 0 & 0 & 0 & 1 & 1 & 0 \\ 0 & 0 & 0 & 0 & 0 & 0 & 0 & 1 \end{pmatrix} \tag{6-4}$$

【解】第一步：按照空间划分长度，可以将二维事件分割成四个区域，四个区域可使用式(6-5)表示。

$$\begin{cases} \boldsymbol{\xi}_{11}=\begin{pmatrix} 1 & 0 & 0 & 0 \\ 0 & 1 & 0 & 0 \\ 1 & 0 & 0 & 0 \\ 0 & 1 & 0 & 0 \end{pmatrix}, \boldsymbol{\xi}_{12}=\begin{pmatrix} 0 & 1 & 1 & 0 \\ 0 & 0 & 1 & 1 \\ 0 & 0 & 1 & 0 \\ 1 & 1 & 0 & 0 \end{pmatrix} \\ \boldsymbol{\xi}_{21}=\begin{pmatrix} 0 & 0 & 0 & 0 \\ 0 & 1 & 0 & 0 \\ 0 & 0 & 0 & 0 \\ 0 & 0 & 0 & 0 \end{pmatrix}, \boldsymbol{\xi}_{22}=\begin{pmatrix} 0 & 0 & 1 & 0 \\ 0 & 0 & 0 & 0 \\ 0 & 1 & 1 & 0 \\ 0 & 0 & 0 & 1 \end{pmatrix} \end{cases} \tag{6-5}$$

第二步：计算 $|\xi_{\max}|$，根据式(6-5)，可直接以统计取最大值的方式计算出 $|\xi_{\max}|$，每个区域中的 $|\xi_{ij}|$ 分别为：

$$\begin{cases} |\xi_{11}|=4 \\ |\xi_{12}|=7 \\ |\xi_{21}|=1 \\ |\xi_{22}|=4 \end{cases} \tag{6-6}$$

因此，$|\xi_{\max}|=7$。

第三步：确定分割份数 k。由于各区域中事件的个数为已知值，因此，可以根据式(6-6)及 $|\xi_{\max}|=7$ 的条件，选择 $k=\dfrac{7}{3}$ 为合理值，其取值不唯一。

第四步：确定各个区域的随机取样事件数。根据所选择的 k 和 $|\xi_{\max}|$，可列出选取事件样本数为：

$$M_{ij}=\begin{cases} 0, |\xi_{ij}|\in[0,\dfrac{7}{3}) \\ 1, |\xi_{ij}|\in[\dfrac{7}{3},\dfrac{14}{3}) \\ 2, |\xi_{ij}|\in[\dfrac{14}{3},7] \\ 0, \text{其他} \end{cases} \tag{6-7}$$

因此，对于每个区域，可计算出需要采样的事件数：

$$\begin{cases} M_{11}=1 \\ M_{12}=2 \\ M_{21}=0 \\ M_{22}=1 \end{cases} \tag{6-8}$$

第五步：对每个区域分别随机采样，并拼接成完整矩阵。该步骤要求在每个区域内随机选择 M_{ij}，由于每个区域的点数远大于 M_{ij}，因此随机选取的方法不唯一。式(6-9)是一种随机采样的方案。

$$f(\cdot)_{sub} = \begin{pmatrix} 1 & 0 & 0 & 0 & 0 & 0 & 0 & 0 \\ 0 & 0 & 0 & 0 & 0 & 0 & 1 & 0 \\ 0 & 0 & 0 & 0 & 0 & 0 & 0 & 0 \\ 0 & 0 & 0 & 0 & 0 & 1 & 0 & 0 \\ 0 & 0 & 0 & 0 & 0 & 0 & 1 & 0 \\ 0 & 0 & 0 & 0 & 0 & 0 & 0 & 0 \\ 0 & 0 & 0 & 0 & 0 & 0 & 0 & 0 \\ 0 & 0 & 0 & 0 & 0 & 0 & 0 & 0 \end{pmatrix} \tag{6-9}$$

从例 6-1 中可以观察出，原有的事件总数为 $N = 4+7+1+4=16$，而采样后的事件总数为 $M = 1+2+1=4$，从而可以定义采样率为：

$$\lambda = \frac{M}{N} \times 100\% \tag{6-10}$$

即采样后的事件数与原有事件数的百分比，在例 6-1 中，可计算出采样率为：

$$\lambda = \frac{M}{N} \times 100\% = \frac{4}{16} \times 100\% = 25\% \tag{6-11}$$

而采样率 λ 过小，则采样出的事件总数 M 过少，不足以表达全局特征，无法进行后续的图构建等工作；而采样率 λ 过大，则 M 的占比过大，会导致后续图构建的运算效率较低。因此可以将采样率控制在 5%~25% 之间，可以根据事件点的密度进行判定，不至于造成采样后事件点过少或过多的现象。

6.1.2 图的概念及事件图的构建

图是描述一组对象的结构，是由顶点 v、边 E 以及顶点和边在图中的伪坐标 U 组成的集合，即：

$$G = \{v, E, U\} \tag{6-12}$$

之前所提到的 CountImage、TimeImage 编码是一种图，其顶点为像素，边为像素之间的连接，而由于像素与像素之间是紧挨着，因此每条边的长度均等于像素之间的距离，其构成了一个宽 w、高 h 的矩形平面。因此，对于这种形式的图，可以直接使用像素坐标，即直角坐标描述某个点和某条边的位置。然而，并非所有的图都具有规则的形式，例如图 6-2（b）所示具有不规则的形式，但其所表达的信息可能是有意义的。

对于边元素而言，按照图中的边是否有方向分类，可以将图分为有向图和无向图。无向图指的是图中的边仅有长度和连接点的信息，可表示为：

$$\vec{E}(i,j) = \vec{E}(j,i) \tag{6-13}$$

式中，箭头表示方向，等号表示为等价，即从顶点 i 连接顶点 j 等价于从顶点 j 连接顶点 i。而对于有向图，图中的边是有方向的，例如只能从顶点 i 指向顶点 j，因此可以表示为：

$$\vec{E}(i,j) \neq \vec{E}(j,i) \tag{6-14}$$

不等号表示不等价，即从顶点 i 指向顶点 j 的边，不等价于从顶点 j 指向顶点 i 的边。这是由于有向图中的边是有方向的，从一个顶点 i 指向另一个顶点 j 的边存在，但是从顶点 j 指向顶点 i 的边不一定存在。而如果既存在顶点 i 指向顶点 j 的边，也存在顶点 j 指向顶点 i 的边，那么这条边就是双向的。而根据无向图的概念，可以看出无向图中的每一条边都可以看作是双向的边。

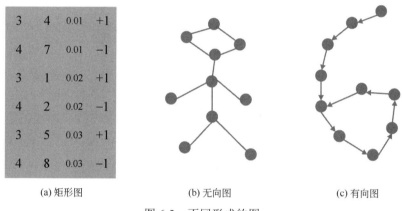

| (a) 矩形图 | (b) 无向图 | (c) 有向图 |

图 6-2 不同形式的图

此外，对于从顶点 i 出发的边，无论是有向的还是无向的，并没有限制具体的数目，而如果与顶点 i 相连的边越多，那么直观上理解则是顶点 i 越重要。因此可以定义顶点的度为与某个节点直接相连的边的条数，包括无向边和有向边。而从某点 i 出发指向另一点的边的总数称为顶点 i 的出度，从某点指向顶点 i 的边的总数称为顶点 i 的入度。对于无向图而言，其边可以看作是双向的，即某点 i 仅有一条无向边与顶点 j 相连，那么对顶点 i 而言，其出度等于入度。

【例 6-2】计算顶点 1 的度、出度、入度。

图 6-3 例 6-2 图

【解】由图 6-3 可知，与顶点 1 相连的边总数为 3，故顶点 1 的度为 3。其中，若将无向边看成双向边，则从顶点 1 出发的总边数为 2，而从其他顶点指向顶点 1 的总边数为 2，因此顶点 1 的出度为 2，入度也为 2。

从例 6-2 中可以看出，某顶点的度不一定等于出度和入度之和，因为有无向边的存在。而对于一个实际问题而言，例如社交网络的分析问题。网络中每个人与其他人存在的关系（用图中的边表示）不仅有方向（单向或双向），还会有一定的强弱。因此，可以定义图中每条边的连接强度称为边的权重。所示评估某顶点重要性的一个指标是加权度 d，即连接某顶点边的权重之和。同理，也可以定义加权出度 d_o 和加权入度 d_i。

【例 6-3】如图 6-4 所示，计算节点 1 的加权度、加权出度、加权入度。

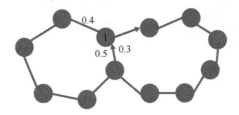

图 6-4　例 6-3 图

【解】由加权度的概念，可知节点 1 的加权度为：

$$d = \sum W = 0.5 + 0.4 + 0.3 = 1.2 \tag{6-15}$$

式中，W 代表某边的权重。同理，可得加权出度和加权入度为：

$$\begin{cases} d_o = \sum W_o = 0.4 + 0.3 = 0.7 \\ d_i = \sum W_i = 0.4 + 0.5 = 0.9 \end{cases} \tag{6-16}$$

式中，W_o 代表从顶点 1 出发的边的权重；W_i 表示从其他边指向顶点 1 的边的权重。

从例 6-3 可以看出，加权度在数值上与加权出度和加权入度也不一定相等，这是由于无向边的权重既在加权出度中出现，也在加权入度中出现。因此，可以定量地计算加权度和加权出度、加权入度的关系：

$$d = d_i + d_o - \sum W_{io} \tag{6-17}$$

式中，W_{io} 表示与顶点相连的无向边的权重。

比较度和加权度的概念，也可看出度和加权度并不一定相等，只有在每条边的权重都相等且为 1 的情况下，加权度和度才在数值上相等。但是加权度的概念不仅考虑了连接的方向和方向有无，还考虑了连接的强弱关系，因此更常使用。

对于图中另外一个元素，即伪坐标 U，则是存储了顶点和边的联系内容，一种可视化的表达形式是将顶点编号，并将边定义为一个向量，这样图就可以写成一个一维表达形式，如图 6-5 所示。

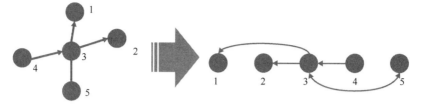

图 6-5　图的一维向量表示的伪坐标

而图的另一种可视化方式是定义邻接矩阵，如图 6-6 所示。首先将顶点编号后，设图中的顶点总数为 N，则构建一个尺寸为 (N,N) 的矩阵。由于顶点自身与自身为同一点，必定相连，因此矩阵主对角线上的元素均为 1（或预定义的权重）。随后，可以按照是否有从某顶点指向另一顶点的边，将图中对应的元素标注为边的权重。例如，对于从顶点 i 指向顶点 j 的边，仅将邻接矩阵中的 (i,j) 处标注为其权重，与主对角线对称的 (j,i) 处不标注为其权重。而对于无向边，则需要在对称位置也标注其权重。因此，整个临接矩阵不一定为对称阵。

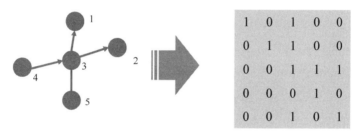

图 6-6　图的邻接矩阵表示的伪坐标

将图的概念应用于事件之中，还需要一个元素，就是顶点。对于图卷积中所构建的图，其顶点为一个具有信息的点，也就是说图中的顶点是存放图所具有的特征的，相当于矩形图的通道数。例如，对于事件采样后的三维离散点，其中的特征就是每个点的极性。而为了让采样后的事件点产生联系，需要向离散的点中，插入若干条带有权重的边。

对于采样后密度较大的事件区域，其中所包含的特征数也较多，因此对于这些区域，应增加更多的边，从而增加联系，而对于密度较小的事件区域，可以减少边的个数，也可以不增加任何边，直接舍去。为了计算方便，需要确定一个邻域半径 R，定义为以某顶点为球心，R 为半径作出的圆中的半径。而由于时间和空间的长度单位并不相同，因此邻域半径实际上是时间和空间的一个加权量。同时，也可以定义两点之间的距离 D，也是时间和空间的加权量：

$$D=\sqrt{\alpha[(x-x_i)^2+(y-y_i)^2]+\beta(t-t_i)^2} \tag{6-18}$$

式中，(α,β) 为加权因子，目的是将时间和空间的单位进行归一化处理。当两点间的距离大于邻域半径 R，则说明两点间的联系较弱，不应该增加一条边，因此可以确定在两个事件点中增加连接的条件为：

$$D \leqslant R \tag{6-19}$$

由于事件信息没有方向性，因此在事件图中所增加的边均为无向边。但是对于事件点密度较大的区域，如果直接按照式(6-19)进行加边判定，则可能会造成事件图连接过度，导致计算量增大，如图 6-7 所示。

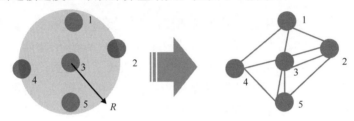

图 6-7　过度连接问题

因此，一种可以采用的思路是对于每个点，从距离最近的点开始连接，由于距离越远，连接强度越弱，因此可以定义边的权重为：

$$W = \begin{cases} \dfrac{1}{D+0^+}, D \leqslant R \\ 0, D > R \end{cases} \tag{6-20}$$

式中，考虑到与事件点自身距离较近的点可能导致权重过大产生间断点，因此在分母处增加因子 0^+ 表示任意一个大于 0 的实数，而限制边的连接数本质上是限制顶点的加权度。优先考虑距离某顶点较近的点，依次增大搜索距离 D，当某个顶点所连接边的加权度达到阈值 T_h 时，尽管可能该顶点仍然满足 $D \leqslant R$ 的条件，但是搜索到的下一个点就无法与该点继续相连，也就是其边的权重为 0。这样，就可以保证事件图的构建不至于出现过度连接的问题，从而增大运算的负担。

【例 6-4】构建如图 6-8 的事件图，其中，取比例尺 $\mu_L = 1\text{mm}/\text{mm}$，阈值 $T_h = 0.1$，欧拉距离公式为 $d = \sqrt{(x-x_0)^2 + (y-y_0)^2}$。

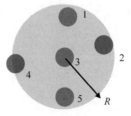

图 6-8　例 6-4 图

【解】对顶点 1：分别利用题目给定的欧拉距离公式计算其到各顶点的距离（仅考虑小于邻域半径的点），如图 6-9 所示。

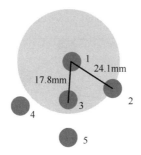

图 6-9　顶点 1 到其余点的距离

其中，距离点 1 最近的点为点 3。若连接 1—3，则加权度为：

$$d = \frac{1}{17.8} = 0.056 \leqslant T_h \tag{6-21}$$

因此 1—3 可以形成一条无向边。接下来需要考虑节点 2，而如果继续连接 1—2，则顶点 1 的加权度为：

$$d = \frac{1}{17.8} + \frac{1}{24.1} = 0.098 \leqslant T_h \tag{6-22}$$

因此顶点 1 与顶点 2 可以相连，形成一条无向边。同理，对于顶点 3 而言，可作其到各顶点的距离如图 6-10 所示。

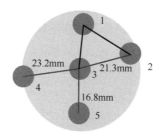

图 6-10　顶点 3 到其余点的距离

由图可知，顶点 3 距离顶点 5 的距离最近，而由于顶点 3 已经和顶点 1 相连，则顶点 3 的加权度应考虑边 $E(1,3)$ 后，再考虑边 $E(3,5)$，因此顶点 3 的加权度应为：

$$d = \frac{1}{17.8} + \frac{1}{16.8} = 0.116 > T_h \tag{6-23}$$

此时，顶点 3 的加权度大于给定的阈值，则顶点 3 与顶点 5 的无向边不存在。但"不存在"是针对顶点 3 计算而得出的，由于顶点 5 与顶点 3 较近，因此在对顶点 5 计算时，边 $E(5,3)$ 是仍然存在的，此时顶点 3 的加权度显然大于

阈值 T_h，但是由于参考计算点在其他顶点，这种现象也是允许的。因此，按照这个规则，最终可以按照顶点 1—3—5—2—4 的顺序进行图构建，得出最终事件图如图 6-11 所示。

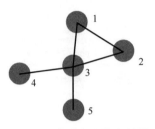

图 6-11　构建完成的事件图

对比于直接通过邻域半径规则构建的事件图，同时基于阈值和邻域半径所构建的事件图更加清晰。但是，选择点的顺序不同，最终所构建的事件图可能也会不同，因为选取的计算点不同，则所连接的边的顺序也不同，因此对于可能超出加权度阈值的顶点，其周围部分边也有可能不同。所构建出的事件图主要表现了顶点与顶点之间的关系和整体的关系，尽管选取计算点不同会造成顶点连接的不同，但边的联系和整体关系并不会轻易被改变。

对于事件点比较稠密的区域，所连接的边也就较多，各个顶点联系较为紧密。对于稀疏事件区域，无论是邻域半径还是阈值，所连接的点总是相同的，孤立的点也是相同的。因为在邻域半径内连接某个点，在合适选取阈值并保证事件点稀疏的情况下，总可以保证该点被连接。对于某事件点 i，距离其最近的事件点 j 的距离大于邻域半径，则无法连接。尽管阈值满足条件，但由于邻域半径的条件不满足，则事件点 i 不连接事件点 j。如果在稀疏事件区域，并假设邻域半径相同，距离事件点 j 最近的点为事件点 i，那么事件点 j 也不会连接事件点 i，也就是说事件点 i 是一个孤立点，可以忽略。

6.1.3　图卷积的定义

对普通卷积而言，其定义是在一定的区域内的，即每次进行卷积的区域都是卷积核所在的区域，随后对其进行加权求和。而对于图这类特殊的结构而言，没有固定的区域，也就没有正规化的卷积核。而如果将卷积的定义拆解开，将每次进行卷积的区域定义在图上的某个区域，将卷积核中的权值变为图中每条边的权重，那么就可以将一般的普通卷积迁移到图卷积上。此外，一般的卷积是点对点的卷积，像素平面上每个点都需要卷积核进行滑动，那么对于图而言，也存在着若干个点。因此，进行一次完整的图卷积需要对图中每个点都进行一次图卷积才可以。由于一般卷积的区域都是3×3或5×5的，相比于整个像素平面的尺寸较小。因此对于图而言，其每次进行卷积的区域也应较小，例如选取某个点的相邻点，如图6-12所示。

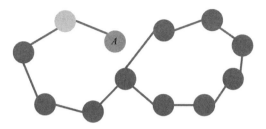

图6-12　图卷积的区域

其中，A 点邻域只有一个小圆圈，因为 A 点仅与一个小圆圈直接相连，因此在计算图卷积时，仅需聚合 A 点及其邻域内的信息。根据图的一维表示可知，图卷积可以按照某一顺序进行。首先，对于整个图，设置图中所有边的权重为待定数值。所有边的权重都可以进行训练，如图6-13所示。

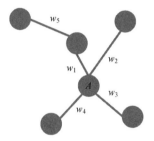

图6-13　权重的初始化

对事件信息而言，其各个点的特征都是极性，也可以是 (x, y, t, p) 四元组，设其每个点的特征向量为 e_j，则在点 A 的邻域 Ω 内，图卷积的计算公式为：

$$GCN(A, \Omega) = \sum_{i=1}^{N} \sum_{j=1}^{4} w_{ij} e_j \tag{6-24}$$

式中，GCN 表示图卷积；w_{ij} 表示在点 A 的第 i 个点对应卷积第 j 个特征的权重。但是式(6-24)仅考虑了点 A 的邻域，没有考虑点 A 的自身情况。因此，可以在图卷积的定义式中增加一个自身的特征 e_1 乘以单位矩阵 I 的自身加权项，其中单位矩阵内每个元素都是1：

$$GCN(A, \Omega) = W \cdot e + e_1 \cdot I \tag{6-25}$$

式中，W 为权重矩阵，其元素为点 A 的邻域内每条边与对应每个特征的权重，e 代表事件点的特征，包含 (x, y, t, p) 四元组。此外，对一般卷积层存在激活函数层。图卷积也是一样，根据图卷积的定义可以看出图卷积的过程也是一个线性的过程，因此也需要增加激活函数：

$$GCN(A,\Omega) = F(W \cdot e + e_1 \cdot I) \tag{6-26}$$

但需要注意的是，并不是每个区域都需要对每个输出数值进行激活，因为点 A 的邻域中的某些点也有可能是点 B 的邻域。如果每次图卷积都直接使用激活函数，那么可能就会造成重复激活的问题，导致梯度迅速减小甚至消失。对此，可以在每个点进行图卷积后，再使用激活函数进行激活。

【例6-5】按点 A、B、C、D 的顺序对图 6-14 进行图卷积，并使用 Softplus 激活函数进行非线性变换。

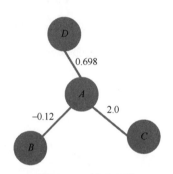

图 6-14　例 6-5 图

其中，所有点的特征为：

$$\begin{cases} A:-1 \\ B:+1 \\ C:-1 \\ D:+1 \end{cases} \tag{6-27}$$

【解】首先，对 A 点，其邻域点包括 B、C、D 三个点，根据图卷积的定义，有：

$$GCN(A,\Omega) = \sum w_i e_j + e_j I = 0 + (-0.12) \times 1 + 2 \times (-1) + 0.698 \times 1 + (-1) \times 1 = -2.422 \tag{6-28}$$

对于 B 点而言，其邻域内仅有 A 点存在，因此根据图卷积的定义，有：

$$GCN(B,\Omega) = (-0.12) \times (-1) + 1 \times 1 = 1.12 \tag{6-29}$$

同理，对 C、D 两点而言，其图卷积的结果为：

$$\begin{cases} GCN(C,\Omega) = -3.00 \\ GCN(D,\Omega) = 0.302 \end{cases} \tag{6-30}$$

而在进行图卷积后，还需要对图卷积的每个结果进行激活，根据 Softplus

激活函数的定义，有：

$$o = Sp(-2.422 \quad 1.12 \quad -3.00 \quad 0.302) = (0.0850 \quad 1.4024 \quad 0.0486 \quad 0.8555)$$

(6-31)

最后，对图卷积而言，与普通 2D 卷积不同，输出的特征还需要依次分配到图中的每个点上，即：

$$\begin{cases} e_A = F[GCN(A, \Omega)] = 0.0850 \\ e_B = F[GCN(B, \Omega)] = 1.4024 \\ e_C = F[GCN(C, \Omega)] = 0.0486 \\ e_D = F[GCN(D, \Omega)] = 0.8555 \end{cases}$$

(6-32)

其中，e_j 表示图中点 j 的特征向量。而在分配完输出特征后，还需要重置权重，开始新一次的图卷积过程。重置权重的作用在于模拟卷积层之间卷积核权重不同的情况，从而对图卷积进行"分层"。

6.1.4 图池化及图全连接层的定义

在图卷积中，如果一直保持图中点和边的数目不变，那么计算负担就会加大，且无法进行分类、检测等任务。因此，与普通卷积神经网络类似，图卷积神经网络也需要池化与全连接层。在图池化层中，也同样存在着池化核和池化核尺寸的概念，但池化核的尺寸变为一个维度。此时池化的规则是选取距离彼此最近的 N 个点作为池化区域，称之为"分割"。图的分割方法并不唯一，除了选用距离彼此最近的点作为区域，还可以按照边的顺序进行选点。在图进行分割后，再进行最大池化或平均池化。例如，使用尺寸为 2 的池化核对图 6-15 按边顺序分割，进行池化前可按照边的顺序选点进行分割。

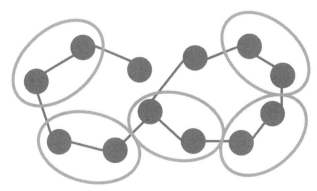

图 6-15 按边顺序分割

从图 6-15 可以看出，其分割的顺序是按照边的顺序依次分割的，分割的区域中均有边相连，而有些点没有与需要分割的点有边相连，因此这些点为孤立点，处理方法与普通卷积神经网络中的池化核为偶数，但图像尺寸为奇数问题的处理方法一样，即保留这些点的特征。

随后，可对分割后的图按照最大池化或平均池化的方法进行池化，池化后两个点会变为了一个点，如图6-16所示。

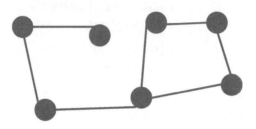

图 6-16 池化后结果

对比可发现，池化后的两个点之间的边消失，但池化后的每个点都继承了两个点所连接的所有边。因此池化后每个点所连接的边数至少等于单独连接的边数。

如果采用的是最大池化，那么每个点的第 i 个特征应有：

$$O_i = \max(A_i, B_i, \cdots, N_i) \tag{6-33}$$

式中，A, B 表示对应点的特征向量。可以看出，除了分割区域与边的融合外，其规则与一般的最大池化、平均池化完全相同。

图池化后，图的尺寸明显减小，当达到适宜进行全连接操作以进一步提取特征并输出时，就可以采用图全连接层，其基础在于图的一维结构。

卷积神经网络中，全连接层是将图像的空间结构变为一维向量，失去了空间结构。对图而言也是如此，图的空间结构在于其边的连接，因此图全连接层与普通全连接层类似，是将图的空间结构打乱，按照一定顺序将每个点的特征排列成一个一维的向量，构建其全连接层的方法如图6-17所示。

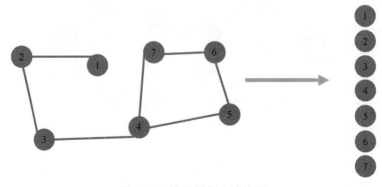

图 6-17 构建图的全连接层

由于图中点的特征可能不止一个，而全连接层要求一个一维结构。因此，在图进行全连接构建时，还需要进行全局最大/全局平均池化，但其池化的维度不是对图中的点，而是对每个点的特征：

$$e_j = \max \boldsymbol{e}_i = \max \left(e_{i1} \quad e_{i2} \quad \cdots \quad e_{i(n-1)} \quad e_{in} \right) \tag{6-34}$$

式中，e_{ij} 表示点 i 的第 j 个特征。在进行图全连接层构建后，即可按照普通神经网络中的全连接层进行计算。

6.2 图卷积的特性

6.2.1 编码要求

图卷积与普通 2D 卷积、稀疏卷积均不同，需要作用在图这一特殊的编码上。而在事件的若干编码中，点云式编码最适合转换为事件图。此外，图还适用于具有一定空间和时间结构的事件编码，例如事件的张量式编码。

在事件的其他编码中，例如 CountImage、局部 CountImage 编码和 TimeImage 编码等，由于其编码较为密集，进行事件采样和图卷积所需要消耗的算力较大。理论上这几种编码也可以进行图卷积，但实际工程应用中，一般采用点云式编码及张量式编码进行图卷积的使用场景较多。

6.2.2 图的普适性

对于传统像素平面而言，描述其位置的是笛卡尔坐标，也就是平面直角坐标系。而在现实世界中，人与人的关系、星星的位置、事件信息点等结构，如果使用传统像素平面描述，则会缺少联系。因为在传统像素平面中，无法确定点与点之间连接的权重，并且描述位置的最小单位是像素，是整数的概念，无法扩展到实数的范围中。

而"图"这一概念，则提供了一种新型的结构来处理关系、交互等，并且还具有很好的可视化特性。此外，像素平面可看作是图的一种特例，如图 6-18 所示。

因此，图这一结构不仅囊括了传统的像素平面，还将节点与节点之间的距离扩展到了实数范围内。从这一层面上说，图这一结构的应用范围远远大于传统的像素平面，也就是说，图这一结构具有普适性。

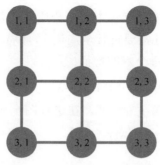

图 6-18　图与像素平面关系

6.2.3　方向可变性

由于图可以看作是一维结构,图中的每个节点都有唯一的编号。因此,将图旋转任意方向不会影响神经网络的分析。但基于像素的图像进行转置、乱序等则会严重影响神经网络的分析,其对比如图 6-19 所示。

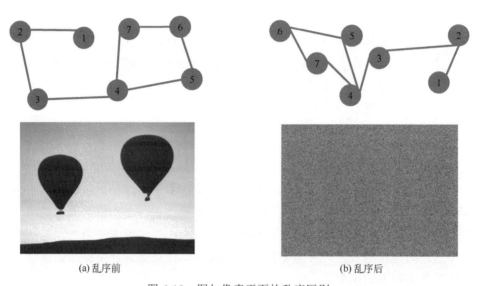

(a) 乱序前　　　　　　　　　　　　　　(b) 乱序后

图 6-19　图与像素平面的乱序区别

从图 6-19 可以看出,传统像素平面乱序后特征完全丢失,但是图乱序后,其卷积的邻域及边并无发生任何变化,仅是结构上发生变化。根据图卷积的概念,其特征提取不受影响,全连接也不受影响。如果进行按边顺序进行池化,则池化层也不受影响。因此总体的识别准确率也不受影响。这种对方向不敏感的特性,称之为图的方向不变性。

6.3 思考与练习

1. 事件的采样率控制原则是什么？不同采样率对事件的采样有何种影响？
2. 图卷积的卷积区域是怎么定义的？
3. 图的伪坐标的意义有哪些？对图卷积具有什么作用？
4. 图的邻接矩阵表示有什么优点和缺点？
5. 如何避免图的过度连接问题？

第7章

事件的 3D 卷积

对于图像而言，非通道维度信息主要存放于高度 h 和宽度 w 两个维度中，而对于事件信息，若将极性 p 看成是事件的通道，则事件信息可看成是存放于 (x,y,t) 三个维度的三维张量。图像处理可以使用 2D 卷积神经网络，那么对于事件信息，则可以将 2D 卷积神经网络扩展到 3D。

7.1　3D 卷积的原理

对 3D 卷积神经网络而言，与 2D 卷积神经网络的架构大致相同，都包含卷积层、池化层、全局最大/平均池化层，全连接层由于计算量过大而较少采用，其主要原理也与 2D 卷积神经网络相同。因此，可以将 3D 卷积对应于 2D 卷积，将卷积核做相应的扩展，从而应用于具有 (x,y,t) 三个信息维度的事件张量中。

7.1.1　卷积层的扩展

在 2D 卷积中，首先是输入图像的扩展。输入图像不再是具有 (x,y) 两个维度和一个通道维度 c 的二维矩阵堆叠而成的多通道图像，而是转变成具有 (x,y,t) 三个维度和一个通道维度 p 的三维张量堆叠而成的四维超立方体（维度数大于 3 的高维张量）。这里的"堆叠"不是指在同一个维度堆叠，而是扩展到另一个维度中。

例如，对于 2D 图像而言，尽管其信息仅由 c 个尺寸为 (X,Y) 的二维矩阵堆叠而成，但是堆叠出来的图像不再是二维的，而是三维的，因为堆叠的方向是与 x、y 两个坐标轴相互垂直的。如果将图像中每个通道都堆叠在二维平面内，则会导致最终图像也为 2D 图像。对于多通道图像而言，由于每个通道的信息都融合到了一个通道内，因此输入图像就已导致了一定的信息丢失。对于具有

(x, y, t) 三个维度的多通道张量信息，其堆叠方向也应该同时垂直于 (x, y, t) 三个维度，指向第四个维度，而不是简单堆叠起来。由于第四个维度无法准确画出，因此一般对于多通道的三维数据，如事件、视频等，都表示为多个三维立方体相互重叠在一起的形式，如图 7-1 所示。如此，就完成了输入图像的扩展。

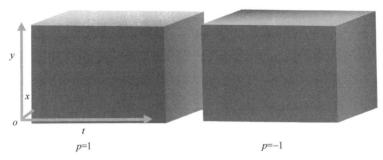

图 7-1　三维多通道超立方体表示

对于单通道的四维超立方体，由于第四个维度（通道数）为 1，因此在三维方向上的投影即表示全部信息。此时，三维卷积可以使用二维多通道的卷积核进行卷积，即把投影后的三维张量中的某一个维度看成是通道。这种方法没有考虑到三维张量中的维度耦合效应。由于图像信息仅存放于两个维度中，不同通道的图像信息可以看成是相互独立，互不干涉的，3 个通道组合形成一幅完整的彩色图像。但对于信息存放于 (x, y, t) 三个维度中的事件信息，在仅考虑具有一个极性 $p = 1$ 的情况时，其 t 维度与 (x, y) 维度可能是相互耦合的，因此直接将 t 维度看成是二维图像中的通道并不合理，仍需要使用 3D 卷积的方法进行处理。

接下来应考虑卷积核 $g(\bullet)$ 和输出特征图的扩展，这是由于输出特征图的形状和卷积核密切相关。对于二维多通道图像进行卷积时，其卷积核的尺寸可以表示为 (w_k, h_k, c_i)，而有 c_o 个卷积核对二维多通道图像进行卷积后，就得到了输出特征图的尺寸为 (w_o, h_o, c_o)。对于三维多通道图像，其尺寸可以表示为 (w, h, l, c_i)，其中 (w, h) 表示宽度和高度，而 l 则表示厚度，即第三个维度方向的尺寸，同理还需要一个通道维度 c_i。因此，与之相对应的卷积核，也需要扩展成与三维多通道维度相符的高维矩阵中，若直接使用二维卷积核的相应尺寸进行卷积，无论使用的卷积核个数 c_o 有多少，三维多通道图像的各通道总是相互独立的，无法进行信息的交流和耦合，如图 7-2 所示。

图 7-2 中，不同灰度的方块表示三维多通道图像的通道维度，而生成的几个小的三维张量则表示通过二维卷积核卷积而成的输出特征图，可以看出，无论二维卷积核有多少个，其输出的特征图中的通道数始终保持不变。也就是说使用二维卷积核进行三维多通道的卷积，相当于将四维超立方体的通道维度拆

解开，分别对每个通道进行卷积，最后再合成为一个三维多通道图像。这样做显然无法让各通道之间的信息进行传递。因此，仍需要扩张卷积核的维度至与三维多通道图像的维度相同，才可能进行三维卷积，而此时卷积核的维度为(w,h,l,c_i)。若使用c_o个通道的卷积核进行卷积，才可将三维多通道图像从尺寸(w,h,l,c_i)变换为尺寸为(w,h,l,c_o)的输出特征图。如此，卷积核和输出特征图的扩展完成。

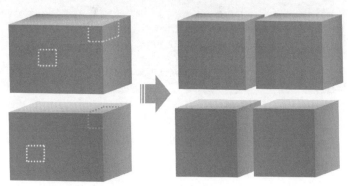

图 7-2　使用二维卷积核进行三维卷积的问题

对于 3D 卷积的运算，其本质上仍可与离散卷积的概念相同，但由于维度数增多，对于输入张量 $f(\bullet)$ 和卷积核 $g(\bullet)$ 尺寸不相同时，也需要和 2D 卷积一样，在对应维度进行区域的裁剪，随后与卷积核分别相乘并求和，如式(7-1)所示。

$$Conv(\boldsymbol{f},\boldsymbol{g})_{ijk} = \sum \boldsymbol{f}\left[\left(i-\frac{w}{2},i+\frac{w}{2}\right),\left(j-\frac{h}{2},j+\frac{h}{2}\right),\left(k-\frac{l}{2},k+\frac{l}{2}\right)\right]\boldsymbol{g}(\bullet) \quad (7\text{-}1)$$

式中，(i,j,k) 表示卷积后张量的相对位置。因而三维卷积相当于不仅对其长度、宽度方向进行裁剪，对其厚度维度也进行了裁剪。

对应于输入张量、输出特征图和卷积核，其卷积的参数也可以做相应的扩展。例如卷积的步长可以指定为一个三维元组 (s_w,s_h,s_l)，Padding 扩展到三维则表示对三个维度张量周边均填充若干个 0，而输出特征图大小的计算公式依次扩展到三维就变为了式(7-2)。

$$\begin{cases} w_o = 1 + \left\lfloor \dfrac{w+2\beta-w_k}{s_w} \right\rfloor \\[2mm] h_o = 1 + \left\lfloor \dfrac{h+2\beta-h_k}{s_h} \right\rfloor \\[2mm] l_o = 1 + \left\lfloor \dfrac{l+2\beta-l_k}{s_l} \right\rfloor \end{cases} \quad (7\text{-}2)$$

在 Pytorch 库中，对应三维卷积的基本函数为：

```
from torch import nn as nn
nn.Conv3d(
in_c,
out_c,
kernel_size,
padding)
```

可以看出，在 Pytorch 中，3D 卷积的基本函数与 2D 卷积较为接近，同样也是指定卷积的基本要素，包括输入通道、输出通道、卷积核尺寸和 Padding 数等。

7.1.2 池化层的扩展

在 2D 卷积中，池化分为最大池化和平均池化两种。而在三维卷积神经网络中，同样也存在最大池化和平均池化两种类型，但是池化区域尺寸也需要扩展到三维，否则将无法对第三个维度进行池化。由于池化不考虑通道维度，也即池化之后的特征图尺寸中的通道数 c_o 保持不变，因此池化区域的大小应变为 (w_p, h_p, l_p)。

【例 7-1】利用如图 7-3 所示的单个卷积核对图中的三维两通道张量进行卷积，取步长 $s = 2$，Padding 数 $\beta = 0$。随后再对卷积完成后的输出特征图完成最大池化，取池化区域尺寸 $(w_p, h_p, l_p) = (2,2,1)$，步长 $s = (2,2,1)$，最后通过 Sigmoid 函数，求最终输出的张量及其尺寸。

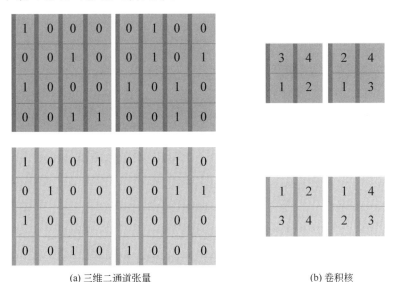

(a) 三维二通道张量   (b) 卷积核

图 7-3 例 7-1 张量和卷积核

【解】题目分析：对于卷积层而言，其输入张量尺寸为 $(4,4,2,2)$，即长度为 4 个单位，宽度为 4 个单位，厚度为 2 个单位，总共有 2 个通道。而卷积核的尺寸为 $(2,2,2,2)$，即长、宽、厚均为 2 个单位，总共有 2 个通道。因此卷积核的尺寸可以与输入张量相匹配，可以进行卷积。通过式(7-2)可以计算出输出特征图的尺寸为 $(2,2,1,1)$。因此，按照题中所给定区域进行池化后，其尺寸应变为 $(1,1,1,1)$。最后，还需要通过 Sigmoid 激活函数。张量通过激活函数相当于对张量中的每一个数均进行了一次激活函数的运算。

与 2D 卷积的例题相同，对卷积层，可以列出 3D 卷积各区域的拆解步骤如表 7-1 所示。

表 7-1　3D 卷积各区域的拆解步骤

卷积相对位置	卷积区域	卷积计算
(1,1,1)	$\begin{array}{cc}1&0\\0&0\end{array}\quad\begin{array}{cc}0&1\\0&1\end{array}$	$\begin{aligned}Conv(\boldsymbol{f},\boldsymbol{g})_{111,1}&=1\times3+0\times4+0\times1+0\times2\\&\quad+0\times2+1\times4+0\times1+1\times3\\&=10\end{aligned}$
	$\begin{array}{cc}1&0\\0&1\end{array}\quad\begin{array}{cc}0&0\\0&0\end{array}$	$\begin{aligned}Conv(\boldsymbol{f},\boldsymbol{g})_{111,2}&=1\times1+0\times2+0\times3+1\times4\\&\quad+0\times(1+4+2+3)\\&=5\end{aligned}$
(1,2,1)	$\begin{array}{cc}0&0\\1&0\end{array}\quad\begin{array}{cc}0&0\\0&1\end{array}$	$\begin{aligned}Conv(\boldsymbol{f},\boldsymbol{g})_{121,1}&=0\times(3+4+2)+1\times1\\&\quad+0\times(2+4+1)+1\times3\\&=4\end{aligned}$
	$\begin{array}{cc}0&1\\0&0\end{array}\quad\begin{array}{cc}1&0\\1&1\end{array}$	$\begin{aligned}Conv(\boldsymbol{f},\boldsymbol{g})_{121,2}&=1\times2+0\times(1+3+4)\\&\quad+0\times4+1\times(1+2+3)\\&=8\end{aligned}$
(2,1,1)	$\begin{array}{cc}1&0\\0&0\end{array}\quad\begin{array}{cc}1&0\\0&0\end{array}$	$\begin{aligned}Conv(\boldsymbol{f},\boldsymbol{g})_{211,1}&=1\times3+0\times(4+1+2)\\&\quad+1\times2+0\times(4+1+3)\\&=5\end{aligned}$
	$\begin{array}{cc}0&0\\0&0\end{array}\quad\begin{array}{cc}0&0\\1&0\end{array}$	$\begin{aligned}Conv(\boldsymbol{f},\boldsymbol{g})_{211,2}&=0+1\times2+0\times(1+4+3)\\&=2\end{aligned}$

续表

卷积相对位置	卷积区域	卷积计算
(2,2,1)	（图）0 0 1 0 / 1 1 1 0	$Conv(\boldsymbol{f},\boldsymbol{g})_{222,1}=0\times3+0\times4+1\times1+1\times2$ $+1\times2+0\times4+1\times1+0\times3$ $=6$
	（图）0 0 0 0 / 1 0 0 0	$Conv(\boldsymbol{f},\boldsymbol{g})_{222,2}=1\times3+0\times(1+2+4)+0$ $=3$

随后，按照每个通道卷积后的结果进行排列，得图 7-4。

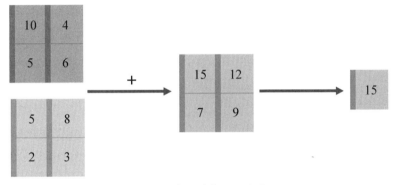

图 7-4　多通道相加及池化

接着，根据多通道卷积的概念，在卷积结束后，需要将每个卷积核所得的各通道进行逐像素相加，得到最终卷积后的结果。检查发现，进行卷积后，其所得结果的尺寸为 (2,2)，可以与理论计算结果 (2,2,1,1) 相匹配，因而卷积计算的尺寸正确。随后，再对卷积所得结果进行最大池化。由于第三维度和通道数均为 1，因此最大池化的结果相当于仅在二维上进行。最终最大池化结果为 15，其尺寸可以看成是 (1,1)，与题目分析中所得的 (1,1,1,1) 相匹配，因此池化计算的尺寸也正确。

最后，由 Sigmoid 激活函数的定义：

$$Sigmoid(x)=\frac{1}{1+\mathrm{e}^{-x}} \tag{7-3}$$

代入最终最大池化的张量，可知最终张量输出为：

$$Sigmoid(15)=\frac{1}{1+\mathrm{e}^{-15}}=0.999996941\approx1.0 \tag{7-4}$$

可以看出，最终输出的数值接近于 1，这是由于卷积和池化的共同作用使

第 7 章　事件的 3D 卷积　　107

输出张量的值过大造成的。而考虑到题中给定的条件为三维卷积，因此输出结果需要写成 (w,h,l,c) 的形式，即最终输出张量的形状为 $(1,1,1,1)$。

7.2 事件输入与 3D 卷积的特点

7.2.1 事件输入的编码要求

根据 3D 卷积的概念，事件信息应编码成具有三个存储信息的维度 (x,y,t) 和一个通道维度 p 或其他同等形状的编码。因此，可以考虑事件的张量式编码和局部 CountImage 编码。

对于张量式编码，可以写成具有三个维度 (x,y,t) 的张量，内部存储的数据为 p。也可以看成是具有三个维度 (x,y,t) 的张量，包含两个通道，分别为 $p=\{1,-1\}$，因此事件张量的尺寸可以表示为 $(x,y,t,2)$。此时，张量内部存储的信息并不是 p，而是一个常数，如常数 "1"，仅表示某一事件点存在，这里的 "1" 并不是极性中的 "1"。

【例 7-2】将如图 7-5 所示三维事件张量编码转换为四维超立方体，独立维度为 (x,y,t)，通道为 p。

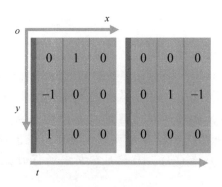

图 7-5 例 7-2 图

【解】首先，建立两个通道，即 $p=1$ 和 $p=-1$，每个通道的三维张量尺寸和 (x,y,t) 与原有张量相同，如图 7-6 所示。

随后，按照 p 的不同，将原有的事件点 (x_i,y_i,t_i) 分别填入 $p=1$ 或 $p=-1$ 所表示的三维张量中，使用 "1" 代表事件点出现，"0" 表示事件点不出现，最终转换结果如图 7-7 所示。

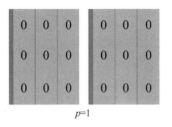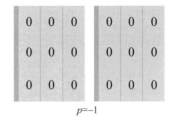

$p=1$　　　　　　　　$p=-1$

图 7-6　通道映射转换图

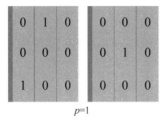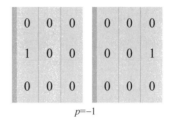

$p=1$　　　　　　　　$p=-1$

图 7-7　转换后的事件超立方体

事实上，张量式编码也可以看成是具有 1 个通道的三维张量，也可以使用三维卷积的方法进行特征提取，因为其存储信息的维度为 (x,y,t)，相互可能存在一定的依赖关系，并不是独立的。局部 CountImage 编码则类似于灰度的视频，存储信息的维度为 (x,y,t)，内部存储的则是一定时间间隔内的 CountImage 图像，因此像素点为其信息。由于 CountImage 编码的时间维度依赖于事件出现的时间，也可以表示事件位置的移动，因此其不独立的维度也为 (x,y,t)，因而也可以用 3D 单通道卷积的方法进行信息的处理。

对于其他编码，如 CountImage 编码、TimeImage 编码，其输出为单张图像，因此不存在 t 维度和 p 通道，只能用 2D 卷积的方式进行特征提取。

7.2.2　直接 3D 卷积的现存问题

同时考虑由 c_i 个通道输入，c_o 个通道输出的 2D 和 3D 卷积，若卷积核尺寸分别为 (w_k,h_k,c_i) 和 (w_k,h_k,l_k,c_i)，则根据张量的概念，该卷积层中，对于 2D 卷积，单个卷积核的参数量为 $w_k h_k c_i$，而 c_o 个卷积核的总参数量为 $w_k h_k c_i c_o$。对于 3D 卷积，同理可得该 3D 卷积层的总参数量为 $w_k h_k l_k c_i c_o$，二者相差的倍数关系为 l_k。

此外，假设输入图像和张量的尺寸分别为 (w,h,c_i) 和 (w,h,l,c_i)，取步长 $s=1$，考虑 $w \gg k, h \gg k, l \gg l_k$ 的情况，可以忽略 Padding 和卷积带来的边界效应（即假设输入图像和输出图像/张量的尺寸与输入保持不变）。这样，对于 2D 卷积，其卷积核需要移动的次数为 wh。而对于 3D 卷积，卷积核需要移动的次数则为 whl。因而，可以定义 2D 卷积与 3D 卷积的计算量比值为：

$$k_c = \frac{\text{Cos}\,t(2D)}{\text{Cos}\,t(3D)} = \frac{w_k h_k c_i c_o wh}{w_k h_k l_k c_i c_o whl} = \frac{1}{l_k l} \tag{7-5}$$

式中，$\text{Cos}\,t(x)$ 表示卷积操作 x 所需要的计算代价，可以简化为卷积核的参数与卷积核移动的次数乘积。因为卷积核每移动一次，都要进行一次分别相乘求和的操作，由于卷积操作为线性操作，因此其复杂程度与卷积核的参数成正比。由式(7-5)可以看出，3D 卷积相比 2D 卷积而言，其计算量要大出 $l_k l$ 倍。对于实际情况，还存在由 Padding 和卷积核移动带来的边界效应以及激活函数的问题，因此 3D 卷积的一个缺点就是计算量要远远大于 2D 卷积，尽管 3D 可以比 2D 卷积更容易处理视频、时序类图像数据。而为了结合 3D 卷积的优点，克服 3D 卷积的缺点，可以在 3D 卷积神经网络中，将 3D 卷积分解成 1D 卷积和 2D 卷积之和。

7.2.3 3D 卷积的可分解性

3D 卷积的可分解性指的是 3D 卷积层中，如果进行 c_1 次二维卷积和 c_2 若干次一维卷积后，其卷积覆盖范围与输出张量尺寸与进行 c_3 次三维卷积相同，那么该层的 3D 卷积就是可分解的。首先，对于 2D 卷积而言，也存在分解性。例如，使用卷积核尺寸为 (3,3) 的二维卷积，可以分解为卷积核尺寸为 (3,1) 和 (1,3) 的两个一维卷积分别进行一次的结果。进行一次卷积后，其覆盖范围和尺寸都与直接进行 (3,3) 的卷积相同。因此，该 2D 卷积存在可分解性。

7.3 4D 卷积简介

3D 卷积可以提取具有一定时序的数据，例如事件、视频等。但是对于时间较长的事件或视频序列，由于其 t 维度较大，因此若直接定义 3D 卷积，则会导致每次卷积移动的步数增多，且参数较难调节。参数难以调节是因为长时间的事件信息，其内部呈现的信息可能不同。

例如，事件相机记录一个人前往化学药品前进行火焰准备，随后点燃了火焰，此人离开画面。这个例子中，难以准确描述过程。如果其目的是研究火焰燃烧的性质和火焰结构，那么前半部分人在进行火焰准备的过程应该给予较小的权重，而不是前后均使用同一个卷积核进行卷积，这样无法调节前后两个部分的总体权重。对此,一种解决方式是将视频分为 N 段,每一段分别使用 3D 卷积神经网络进行特征提取,形成 N 个尺寸较小的高维特征向量。随后将所得的向量分别输入分类器进行分类、描述等任务,如图 7-8 所示。

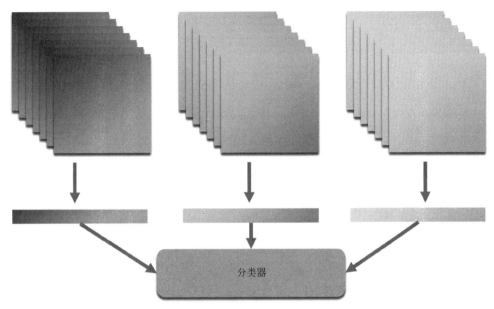

图 7-8 3D 卷积处理长时序数据

如果使用这种方式,则处理长时序数据信息的任务仅依靠人工分割的数据,而无法处理片段和片段之前的联系。例如,若一段事件信息分为了 4 份,而主要信息占据了总信息长度的 $\frac{1}{3}$,那么对于每一段事件信息,其提取出的特征得分则相差不大。而如果将事件信息分为 16 份,则在得分相差较大的情况下,则无法考虑片段和片段之间的联系,建模效果仍然较差。因此,如果要求得分相差较大,且需要考虑片段和片段的联系,则可以使用 4D 卷积的方式。

在事件的 3D 卷积中,独立的三个维度是 (x, y, t)。对于 4D 卷积,其主要任务是提取片段和片段之间的关系,因此增加的第四个维度是片段维度,表征片段和片段之间的信息,称之为外部时序。第三个维度则表征片段内部的时间顺序,称之为内部时序。而这两个维度可以近似看成相互独立的,这是因为内部时序注重某一段时间内的事物细微变化,而外部时序则表征某个事物的宏观发展过程。事物的微观变化有时候并不会影响宏观发展，而宏观发展趋势中的微观变化也有可能不是相同的，所经历的步骤也可能是不相同的。因此，内部时序和外部时序相互之间的影响较小，可以认为这两个维度是正交的。对于 4D 多通道卷积而言，其感受野的尺寸应为 (w_k, h_k, t_i, t_o, c)，其中，t_i 和 t_o 分别表示内部时序和外部时序，c 表示通道。因此，其感受野需要在 4 个方向上进行移动，其相对于 2D 卷积的计算代价为：

$$k_c = \frac{\mathrm{Cos}\, t(2D)}{\mathrm{Cos}\, t(4D)} = \frac{w_k h_k c_i c_o wh}{w_k h_k t_i t_o c_i c_o whtT} = \frac{1}{t_i t_o tT} \tag{7-6}$$

可以看出，4D 的计算量远远大于 2D，因此直接使用 4D 卷积，则会造成计算缓慢的问题。但是为了有效提取外部时序信息，则仍需要采用 4D 卷积的模式。因而，一种思路是将 3D 卷积和 4D 卷积结合起来。即首先使用 3D 卷积进行各小段内的初步信息提取，再使用 4D 卷积进行信息融合。随后，将融合后的信息再按通道拆分，再对各个通道进行 3D 卷积以提取片段内的特征，最后再进行 4D 卷积，将融合后的高维特征向量送入分类器，该方案的结构如图 4-9 所示。

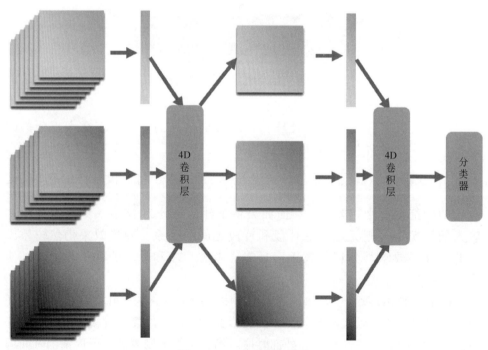

图 7-9　4D 卷积神经网络

图 7-9 中，根据多通道卷积的概念，对于 3D 卷积，相当于将具有 c_i 个通道

的输入特征图 (w,h,l) 映射到具有 c_o 个通道的特征图 (w_o,h_o,l_o) 中，因此 4D 卷积的通道并不发生改变，仅仅只是四维空间上的映射。进行 4D 卷积，则可以将 4D 卷积的通道数改变，也就是提取了片段之间的信息。根据 4D 卷积的概念和感受野的相应尺寸，其输入特征图所满足的维度应为 (w,h,l,t_i,t_o)，其中，t_o 维度可以作为 4D 卷积的通道，从而通过多通道卷积更好融合通道内的信息。

【**例 7-3**】将一段具有 $t_o=16$ 个片段，每个片段长度 $t_i=20$，分辨率为 256×256 的 $b=1$ 段彩色视频，先通过 3D 卷积层映射到 128 个通道，再通过 4D 卷积层映射到 4D 卷积的 128 个通道，最后通过 3D 卷积层映射到 1 个通道，求最终输出特征图的尺寸。其中，假设各卷积采用一定的 Padding，固定步长 $s=1$，保证 3D 卷积后，(c,w,h) 尺寸保持不变，4D 卷积后 (t_i,c,h,w) 维度保持不变。

【**解**】根据 3D 卷积和 4D 卷积的概念，为方便后续的卷积，将其各维度的顺序进行变换，组成第一层输入张量的尺寸为：

$$X_0 = (b,t_o,t_i,c,w,h) = (1,16,20,3,256,256) \tag{7-7}$$

随后，将其输入到 3D 卷积层中。由于张量尺寸为六维，与 3D 卷积层的输入（四维，外加一个批次维度）不匹配。而由于 3D 卷积主要处理片段内部的信息，因此可以对后四个维度 (t_i,c,w,h) 进行卷积，前两个维度 (b,t_o) 保持不变，看成是批次维度。根据 3D 卷积的输入要求，其通道可以看作是 t_i 或 c。但由于任务是提取时序信息，并减小计算量，因此通道应为 t_i 维度。通过多通道卷积，可以融合不同通道的信息，从而提取时序上的信息。综上，由第一个 3D 卷积层输出的特征图尺寸应为：

$$X_1 = (1,16,128,3,256,256) \tag{7-8}$$

可以看出，其外部时序维度 t_o 经过这种 3D 卷积后，保持不变。也就是 3D 卷积无法提取片段之间的信息。接着再经过 4D 卷积层，此时输入特征图的维度与 4D 卷积层要求的输入维度是匹配的。若将 t_o 作为通道，则经过 4D 卷积层后的输出特征图尺寸应为：

$$X_2 = (1,128,128,3,256,256) \tag{7-9}$$

最后，再通过 3D 卷积层，将 3D 卷积中的通道数映射为 1 个，同第一步，将最后四个维度 (t_i,c,w,h) 进行 3D 卷积，而 (b,t_o) 维度保持不变，最终输出特征图的尺寸为：

$$X_3 = (1,128,1,3,256,256) \tag{7-10}$$

从中可以看出，输出特征图的尺寸仍较大，这是因为考虑卷积步长 $s=1$ 且无池化层的情况。实际 3D 和 4D 卷积中，为减小计算量和特征图尺寸，同时也会定义池化层和 $s>1$ 的卷积。

7.4　思考与练习

1．哪些事件编码适于使用 3D 卷积？哪些编码使用 3D 卷积的效率最高？
2．3D 卷积中的全局最大池化是怎么定义和扩展的？
3．使用 2D 卷积核进行 4D 卷积的问题是什么？
4．内部时序和外部时序的共同点和区别是什么？
5．3D 卷积的可分解性是什么？有什么作用？

第8章

基于 LSTM 的事件
处理

长短期记忆网络（Long Short-Term Memory Networks, LSTMs）是一种常用于自然语言处理领域的网络，属于循环神经网络的一种，主要处理一维的时序数据（如语音、文字等信息），可以有效提取时序特征并进行选择性"记忆"和"遗忘"某些信息，具有一定的注意力机制。其计算量相对于 3D 卷积和 4D 卷积较小，因此训练和测试用时不至于过长。

对于事件而言，每一个点都可以看成是一个一维向量，且带有时序信息。因此对于事件信息也可以考虑使用 LSTM 进行信息提取，从而完成一系列任务。

8.1　LSTM 的基本原理

对卷积神经网络而言，其拓扑结构与全连接层较为相似。主要区别在于对于全连接层，权重和输入的关系为乘法，作用在一维层面上；对于卷积神经网络，权重和输入的关系为卷积，作用在二维或高维空间上。但是对于 LSTM 而言，其拓扑结构则是在时间范围内延伸，与全连接层或卷积神经网络差别较大，因而需要掌握其基本原理。

8.1.1　LSTM 细胞的定义

对于全连接层和卷积神经网络，其内部的最小组成单元为神经元，全连接层和卷积神经网络中的神经元的形式如图 8-1 所示。其中，字母 W 表示权重，a 表示激活函数。对于全连接层，激活函数可以看作组成神经元的一部分，但是由于神经元主要存在于卷积核中，因此仅包含权重。如果激活函数位于神经元内，则可能会导致图像上某一区域重复激活，因此激活函数则不属于神经元的范畴。

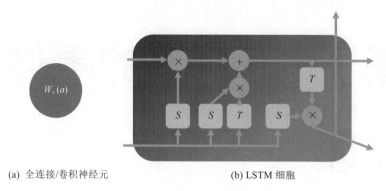

(a) 全连接/卷积神经元   (b) LSTM 细胞

图 8-1　不同网络基本单元对比

　　但是，对于 LSTM 而言，与神经元的概念类似，其最小组成单位为细胞，但是它包含了记忆、遗忘、状态更新等功能，因而相对于全连接层和卷积神经网络更加复杂，其形式可参见图 8-1，其中，×表示逐点相乘，+表示逐点相加。逐点操作指的是一个向量中索引为 a 的元素与另一个向量中索引为 a 的元素的操作。S 表示 Sigmoid 函数，T 表示 Tanh 函数，箭头表示信息传递的方向。使用箭头和不同激活函数的目的是形成一定的记忆和比较机制，在 LSTM 每个细胞中，都包含三个门：遗忘门、输入门、输出门，这三者在细胞中的相对位置如图 8-2 所示。

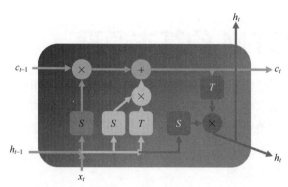

图 8-2　LSTM 分区

　　图 8-2 中，c_{t-1} 和 c_t 表示细胞状态，例如对于一段包含人走向实验台进行点火，到化学药品完全燃烧结束的事件数据而言，细胞状态 c_{t-1} 内储存的就是从 $t=0$ 到 $t=t-1$ 时刻记忆的信息。细胞状态由 $t=t-1$ 时刻过渡到 t 时刻仅经过逐

点相乘和逐点相加的过程，为一个线性过程。

左侧部分代表遗忘门，包含 $t=t-1$ 时刻的细胞隐藏状态 h_{t-1} 和 t 时刻的输入 x_t。隐藏状态表示了某个细胞的确定输出信息，例如"人走向实验台进行点火到化学药品完全燃烧结束"这一段描述，h_{t-1} 和 h_t 可能分别表示"实验台"和"进行"这两个词，将所有细胞中的隐藏层进行一定处理，就得到了输出的句子。此外，遗忘门还包括一个 Sigmoid 激活函数和一个逐点相加的过程。而由 Sigmoid 函数的定义，无论 t 时刻的输入 x_t 和 h_{t-1} 为多少，经过 Sigmoid 函数后，张量中的每一个元素均被归一化到 0～1 之间，进而与细胞状态进行逐点相乘时，就会得到区间为 $[0, c_{t-1}]$ 的值，从而控制上一时刻细胞状态的遗忘程度。输出值为 0 则表示全部遗忘，输出值为 c_{t-1} 表示没有信息被遗忘。

中间部分为输入门，遗忘门用于选择性遗忘上一时刻细胞状态的信息，则输入层就是选择性记忆信息，并将信息输入给细胞状态，它包含输入 t 时刻的 x_t 和 h_{t-1}、Sigmoid 层和 Tanh 层。其中，Sigmoid 函数由于可以将输入压缩至 $[0,1]$ 区间，因此可以表示记忆的概率，而 Tanh 层由于 0 均值的特性，则可以保持信息处于正负数的概率相等，避免信息偏见，因而用于生成一个位于 $[-1,1]$ 之间的候选向量。而候选向量在加入细胞状态时，需要经过 Sigmoid 函数的门控筛选，保留逐点相乘后绝对值较大的值，再加入细胞状态中，至此，细胞状态更新完成。

完成细胞状态的选择性"遗忘"和"记忆"后，就需要输出有意义的信息。之所以不直接输出细胞状态，是由于细胞状态表示 t 时刻及之前所有信息进行选择性记忆之和，而输出隐藏状态 h_t 则需要基于 t 时刻及之前的记忆，因此直接输出细胞状态相当于重复了 t 时刻之前的信息。例如，t 时刻及之前，LSTM记忆的信息是人走向实验台点燃化学物的瞬间，则基于之前和这一瞬间的记忆，h_t 可能是"火焰开始燃烧"。h_t 是一个可以通过某种方式显示出的话语或其他有规律的信息，而细胞状态中则储存的是记忆，无法显式地用语言表达或进行可视化。因此，需要输出门对细胞状态进行整合，输出确定性的信息。其过程如图 8-2 右侧路线所示，包含 Sigmoid 函数和 Tanh 函数，其中，Tanh 函数用于将细胞状态中的信息压缩到 $[-1,1]$ 区间，作为候选向量，而 Sigmoid 函数则用于信息的选择性选取，进而输出有用信息。可以看出，输出门类似于输入门的逆过程，但输入门的输入为 $t=t-1$ 时刻的细胞隐藏状态 h_{t-1} 和 t 时刻的输入 x_t 以及更新后的细胞状态 c_t，考虑的因素更加全面。输入门的输入为一可显式表示出的信息，输出为抽象的细胞状态。而输出门的输入为一抽象的细胞状态，经过相反过程后，输出应为可显式表示的信息向量，且包含了 $t=t-1$ 时刻的细胞隐藏状态信息、输入 x_t 和细胞状态 c_t，进而输出的 t 时刻的隐藏状态 h_t 与 t 时刻前的信息均存在一定的相关性，并具有过滤无关信息的优点。这种相关性是 LSTM

结构所决定的，因而相对于一般的 RNN（隐藏状态 h_{t-1} 和输入 x_t 仅通过 Tanh 函数作为输出），LSTM 更加容易训练。

8.1.2 LSTM 的运算更新

为训练 LSTM，需要找出细胞中各部分的定量关系，从而寻找出需要训练的未知参数。对于 $t=t-1$ 时刻的隐藏状态 h_{t-1} 和当前时刻的输入 x_t，首先需要经过遗忘门。而由于同时需要 h_{t-1} 和 x_t 两个信息，如果将其进行逐点相加，则会造成信息的丢失，如果采用拼接的方式，则二者仍独立存在。而丢失的信息无法找回，独立存在的信息可通过权值 W_f 进行加权操作，从而进行信息的加权和融合，如图 8-3 所示。

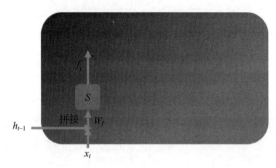

图 8-3　遗忘门运算

若不增加权值 W_f，则进入 Sigmoid 函数前，上一层隐藏状态和当前层的输入具有相同的权重，无法进行信息的有效提取。例如，上一时刻描述人向化学实验台走去，下一时刻描述火焰点燃，则上一时刻的输出 h_{t-1} 对下一时刻的影响较小，应进行遗忘。而当前时刻的输入 x_t 对当前时刻的输出影响可能较大，应赋予较大的权重。如果权重相同（即 $W_f=1$），则 LSTM 会将上一时刻的输出与当前时刻的输入同等对待，训练难度加大。

这样，拼接后的张量 $[h_{t-1}, x_t]$ 经过加权（和偏置）后，输入 Sigmoid 层，输出中间变量 f_t 的过程就可以表示为：

$$f_t = S(W_f[h_{t-1}, x_t] + b_f) \tag{8-1}$$

式中，S 表示 Sigmoid 函数。设置中间变量一方面是对过程表示更加清楚，另一方面是便于后续过程利用中间变量表示。

对于输入门，可同样适用遗忘门中定义的张量拼接作为输入，分别输入 Sigmoid 函数和 Tanh 函数，同时增加一定的权值（和偏置），从而有效地进行信息提取和训练，如图 8-4 所示。

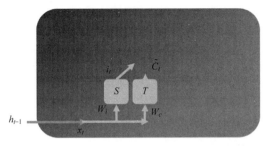

图 8-4　输入门更新

图 8-4 中，中间变量 i_t 和 $\tilde{C}_t$ 拼接后的张量 $[h_{t-1},x_t]$ 经过两个不同的权重进行加权后，分别使用 Sigmoid 函数和 Tanh 函数进行激活，所得的结果可以表示为：

$$\begin{cases} i_t = S(W_i[h_{t-1},x_t]+b_i) \\ \tilde{C}_t = T(W_c[h_{t-1},x_t]+b_c) \end{cases} \tag{8-2}$$

同样，式(8-2)也表示为一个线性加权的过程。

根据细胞状态的概念，在进行输出门参数定量计算前，需要对细胞状态进行更新，其原理如图 8-5 所示。

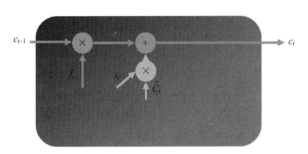

图 8-5　细胞状态更新

图 8-5 中，中间变量 f_t 与 $t=t-1$ 时刻的细胞状态向量进行逐点相乘后，再加上输入门中两个中间变量 i_t 和 $\tilde{C}_t$ 逐点相乘的结果，可以表示为：

$$c_t = f_t \otimes c_{t-1} + i_t \otimes \tilde{C}_t \tag{8-3}$$

式中，符号 $\otimes$ 表示逐点相乘。

在更新完细胞状态后，就可以对隐藏状态进行更新，并输出隐藏状态，如图 8-6 所示。

图 8-6 中，中间变量 o_t 是拼接后的张量经过加权和激活函数后的值，表征对 h_t 的门控作用，取值在[0,1]的范围内。而由于 c_t 自身为一个张量，无需再次加权，因此直接通过 Tanh 函数后与 o_t 进行逐点相乘，从而输出 h_t，这一过程可以表示为：

$$\begin{cases} o_t = S(W_o[h_{t-1},x_t]+b_o) \\ h_t = T(c_t) \otimes o_t \end{cases} \tag{8-4}$$

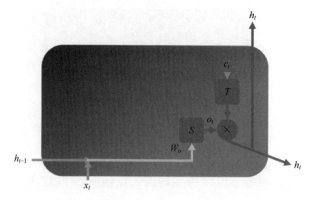

图 8-6　隐藏状态更新

此时，LSTM 的输出 h_t 也已经更新完成。根据以上过程，LSTM 中的中间变量和相关参数更新的六个公式为：

$$\begin{cases} f_t = S(W_f[h_{t-1}, x_t] + b_f) \\ i_t = S(W_i[h_{t-1}, x_t] + b_i) \\ \tilde{C}_t = T(W_c[h_{t-1}, x_t] + b_c) \\ c_t = f_t \otimes c_{t-1} + i_t \otimes \tilde{C}_t \\ o_t = S(W_o[h_{t-1}, x_t] + b_o) \\ h_t = T(c_t) \otimes o_t \end{cases} \tag{8-5}$$

考虑到对一个 LSTM，输入为 c_{t-1}、h_{t-1} 和 x_t，输出则为 c_t 和 h_t，因此之前设定的中间变量可以通过代入的方式被消去，则式(8-5)可以表示为输入和输出的关系：

$$\begin{cases} c_t = S(W_f[h_{t-1}, x_t] + b_f) \otimes c_{t-1} + S(W_i[h_{t-1}, x_t] + b_i) \otimes T(W_c[h_{t-1}, x_t] + b_c) \\ h_t = T(c_t) \otimes S(W_o[h_{t-1}, x_t] + b_o) \end{cases} \tag{8-6}$$

这是一个显式的递归表达式，可以将其在时间层面上一步步展开，从而进行 LSTM 各个单元的前向传播和反向传播，以更好训练 LSTM 单元。

多个 LSTM 单元通过串行的方式可组合为 LSTM 网络，将内部参数全部封装后，按照时间顺序连接，可得其拓扑结构如图 8-7 所示。

从图 8-7 可以看出，LSTM 的拓扑结构相比于传统全连接层和卷积神经网络有很大的不同。如果把 LSTM 的每个细胞都看成是全连接层或卷积神经网络的每一层，那么 LSTM 在每个时刻均可有外界显式输入存在，而全连接层和卷积神经网络在训练过程中的每一层一般不接收外界显式输入，这可能会造成大小不匹配等问题。其次，LSTM 的每个细胞均可产生一个可显式表示且有意义的输出，而全连接层/卷积层输出的向量可能较难找到其意义所在。并且，LSTM 的拓扑结构决定了它使用的训练方法不是简单对每一层求导，而是需要考虑在时间上的递归，使用递归算法和梯度下降进行参数更新。

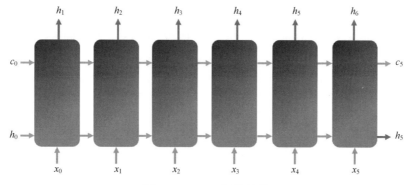

图 8-7 LSTM 拓扑结构

LSTM 不仅可以在每一个时刻均接收输入并反馈输出，有时候针对不同任务，可以将某些时刻的输入 x_t 置为 0，即不考虑输入，或将 h_t 不反馈输出。此外，LSTM 还可以做成双向的，其拓扑结构如图 8-8 所示。

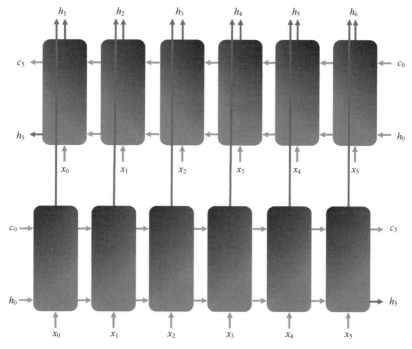

图 8-8 双向 LSTM 拓扑结构

图 8-8 中，前向层为图像下方的 LSTM，反向层为图像上方的 LSTM，二者具有输入共享的特性，即前向层在 $t = 0$ 时刻的输入与反向层在 $t=5$ 时刻的输入相同，以此类推。但需要注意的是，前向层和反向层的细胞状态和输出并不共享，如果共享则相当于一个 LSTM，或是长度各为一半的双向 LSTM。因此，在表征

输出时，均将双向 LSTM 在相同输入时刻的输出拼接起来。例如，在 $t=0$ 时刻的前向 LSTM 和 $t=5$ 时刻的反向 LSTM 的输入均为 x_0，则前向 LSTM 的输出 h_1 和反向 LSTM 的输出 h_6 应拼接起来作为最终的输出。对于同一段事件数据而言，如果搭建双向 LSTM，则 h_0 表示事件点的开头，h_5 表征事件点的末尾。如此，双向 LSTM 可以比单向 LSTM 考虑更多信息，既考虑了某一时间点之前的信息，也考虑了某一时间点之后的信息，可以更加精准预测某一时刻的信息输出。

在 Pytorch 中，LSTM 的构建可以调用现成的函数，其形式为：

```
from torch import nn as nn
nn.LSTM(
input_size,
hidden_size,
num_layers,
bias=True,
batch_first=False,
bidirectional=False
)
```

其中，参数 input_size、hidden_size 分别表示输入张量 x_t 和 h_{t-1} 的维度。之前所述的 LSTM 更新规则中所出现的线性变换 $W[h,x]+b$，在工程上则表示一个全连接层，即将拼接后的张量 $[h_{t-1},x_t]$ 的维度映射为 h_t 的维度。参数 num_layers 表示 LSTM 的层数，单个单向 LSTM 或双向 LSTM 均为 1，但双向 LSTM 中的 bidirectional 应指定为 True。此外，LSTM 中的批次维度的处理方式通过 batch_first 参数表示，即是否将批次维度放入第一个维度中。综上，以遗忘门为例，可作出 LSTM 的实际计算图如图 8-9 所示。

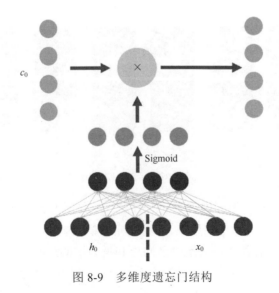

图 8-9　多维度遗忘门结构

由图可知，h_{t-1} 的维度与 h_t 的维度应保持一致，若不保持一致则会造成后续维度减少、信息丢失等问题。但另一方面，维度不一致在信息丢失的过程中也完成了信息的汇集，一般用于最后一层 LSTM 中。

【例 8-1】记 LSTM 的输入 $c_{t-1} = 0.2$，$h_{t-1} = [3,1,2,0,1]$ 以及 $x_t = [1,0,2,4,3]$。相关权重：

$W_f = W_i = W_c = W_o = [0.3,0.1,0.1,0.2,0.4,0.3,0.1,0.5,0.1,0.1]$，且不考虑偏置项，求通过一个 LSTM 细胞后的 c_t, h_t。

【解】求出拼接后的张量（水平拼接）：

$$[h_{t-1}, x_t] = [3,1,2,0,1,1,0,2,4,3] \tag{8-7}$$

首先通过遗忘门，如式(8-5)所示，将数据代入，有：

$$f_t = S(0.9+0.1+0.2+0+0.4+0.3+0+1.0+0.4+0.3) = 0.9734 \tag{8-8}$$

随后通过输入门，根据输入门的权重计算公式，可以得到：

$$\begin{cases} i_t = f_t = 0.9734 \\ \tilde{C}_t = T(3.6) = 0.9985 \end{cases} \tag{8-9}$$

接着更新细胞状态，根据更新公式有：

$$c_t = 0.9734 \times 0.2 + 0.9734 \times 0.9985 = 1.1667 \tag{8-10}$$

最后由细胞状态更新至 LSTM 的输出为：

$$h_t = T(1.1667) \otimes 0.9734 = 0.8013 \tag{8-11}$$

此时，就出现了 h_t 的维度与 h_{t-1} 不相同的现象。若后续再增加 LSTM 细胞的时间长度，则后续层的 h_{t-1} 和 h_t 应均为 1。

8.2　LSTM 的变体及事件处理

由于 LSTM 的传统结构相对固定，因此面对事件信息，在不改变基本运算规则的前提下，适当修改 LSTM 细胞的结构可以更好顺应具体任务。例如，可以增加时间门控系统、将逐点相乘改为卷积等。

8.2.1　ConvLSTM

ConvLSTM 对 LSTM 的改变在于将所有的逐点相乘运算全部改变为卷积运算，这样做，可以让 LSTM 具有处理图像时序数据的能力。传统的 LSTM 仅具有处理一维数据（如自然语言）的能力，这就让具有时序信息的图像序列（如事件、视频等）的建模分析出现了一系列问题，如采用 3D 卷积或 4D 卷积，会导致运算量增大，采用 2D 卷积则较难考虑时序问题。对于时序问题，使用 LSTM 可以降低参数量（仅有较少通道的全连接层），而传统 LSTM 中每个门的输入和输出权重和线性变换 $W[h,x]+b$ 均可以看成是全连接层。对卷积层，同样可看成是类似的线性变换，可以直接将全连接层转换为卷积层。因此可以考虑将卷积层和 LSTM 结合起来，从而形成了 ConvLSTM 这一新型结构，其具体结构参见图 8-10。

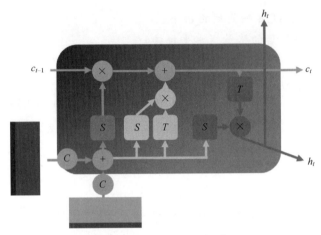

图 8-10   ConvLSTM 结构

图 8-10 中，字母 C 表示卷积层，考虑 LSTM 一般是多层的，因此在进行卷积时都会保证一定的 Padding 数，从而保证卷积前后图像的尺寸不变。而根据 LSTM 的具体运算规则，可以发现隐藏层的输出也不再是一个神经元了，而变成了与输入层尺寸相当的中间图像矩阵。而由于隐藏状态与输入状态的尺寸保持不变，因此他们可以定义逐点相加、逐点相乘等关系，这就可以说明为什么"×"和"+"的符号代表的意义均保持不变了。

由于 ConvLSTM 擅长处理同时包含时序及能进行图像编码的信息，因此在事件的常用几种编码中，局部 CountImage 编码是最适合 ConvLSTM 处理的。事件的张量型编码虽然也可以被 ConvLSTM 进行处理，但由于其矩阵较为稀疏，因此如果不采用稀疏卷积的方法，又会导致卷积后稀疏特征消失，使任务完成率下降。此外，张量型编码还会遭遇时间间隔不等长等问题。

对 ConvLSTM 而言，其隐藏状态可以看作是一张或多张图像，因此输出也是一张或多张图像，这就说明了 ConvLSTM 适于处理输入为图像、输出也为图像的问题。这类问题包括图像的时序预测问题（即输入上一时刻图像，预测下一时刻图像）、图像的风格迁移等，对于检测、识别等需要输出一系列具体数字的任务，ConvLSTM 较难胜任。

8.2.2 PhasedLSTM

如果追踪一个像素或一个区域,那么根据事件产生的原理很容易发现在某块区域中产生的事件间隔不是均匀分布的。例如,在 (2,2) 像素点上,分别在 $t = 0.01, t = 0.03, t = 0.08$ 这三个时刻产生了事件信息,而这三个时刻并不是等间距排列的,不像传统的图像信息。因此对于这种情况,ConvLSTM 和 LSTM 都较难处理,因为其将输入看作是等时间间隔的,也就相当于丢失了时间这一维度。

为解决该问题,可以借鉴 LSTM 的门控方法,通过增加时间门控来完成时间间隔不固定的事件序列。时间门控的主要控制任务包括事件更新的周期 τ 、事件产生的相位 φ 、事件极性 $p = 1$ 的概率。其中,事件更新的周期主要决定了时间门多长时间开一次,事件产生的相位则表示距离第一次开启时间门的时间间隔 Δt 。有这三个任务,就需要三个可学习的参数对它进行线性组合表示,并进行 LSTM 多层串联。随着层数的增加,每一层的参数 τ 都各不相同,从而可以应对不同频率产生的事件信息,并且配合相位 φ 参数的训练,实现时间门控的开关。在关闭时间门控时,不会进行遗忘,从而可以进行长时间信息的记忆。PhasedLSTM 的具体结构如图 8-11 所示。

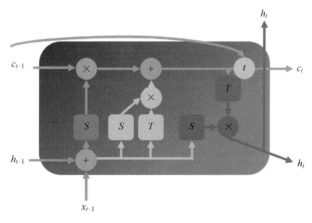

图 8-11　PhasedLSTM 结构

图 8-11 中,字母"t"代表时间门,将其安排在输出门后表示对整个细胞的输出具有至关重要的影响,如果时间门关闭,那么细胞的输出将为 0;如果时间门开启,那么时间门将会进行参数更新和训练。通过这种方式,PhasedLSTM 将时序问题推广到了非均匀的时序问题上。

在事件的处理方面,PhasedLSTM 这种结构无需任何编码过程,可以对事件进行实时处理。而对于已经保存为某一编码的事件信息而言,点云式编码和张量式编码较适合进行处理，因为二者都可以保存完整的时间戳信息，而 TimeImage 则只能保存最后一个事件点的时间戳信息，从而无法进行训练。CountImage 和局部 CountImage 编码都不能保存事件的真实时间戳信息，因此无法使用 PhasedLSTM 进行训练。

8.3 思考与练习

1. 单个 LSTM 细胞进行运算和参数更新需要进行哪些过程？
2. 为什么 LSTM 细胞之间可以进行串行连接？
3. 为什么使用 Sigmoid 和 Tanh 函数作为 LSTM 的非线性变换函数？
4. LSTM 的实际计算图和拓扑结构图有何相同点和区别？
5. 为什么 ConvLSTM 无法处理点云式编码的事件信息？

第9章

基于脉冲神经网络的事件处理

神经网络的发展主要分为三个阶段。第一个阶段是感知机模型的提出，即单个神经元模型。第二个阶段是多层感知机模型的建立，包括之前介绍过的卷积神经网络等。而第三个阶段则形成了更加接近生物神经元模型的一种人工神经元——脉冲神经元模型，这种神经元模型将时间也进行编码，因此更适合于事件信息的处理。

9.1 普通神经元的局限

普通神经元即第 2 章所介绍的神经元模型，其前向传播公式为：

$$o_{i+1} = f(w_i o_i + b) \tag{9-1}$$

可以看出，传播公式中仅涉及了神经元的输入、对应于该神经元的权重、激活函数等，并没有涉及时间 t 的维度。也就是说，普通神经元模型认为每次前向传播的时间都是等间隔的。然而，事件的编码规则中时间是一个很重要的维度，每个事件出现的频率也不是等间隔的。例如，CountImage 编码中缺少了时间信息，因而图像的特征变得非常模糊。因此，如果从事件信息处理这一角度考虑，除可处理时序数据的 LSTM 网络及其变体外，普通神经网络直接处理事件会丢失时间这一维度，这便是普通神经网络的一个局限。

而同样，在多层感知机的反向传播中出现了求导的操作，而如果一个函数的导数存在，那么该函数就是连续的，中间没有任何突变。因此，多层感知机处理的数据实际上是连续的数据。事件信息在任意时间以四元组编码的，在 t_1 时刻某像素产生事件 A，但 $t_1 + \Delta t$ 内，该像素不一定产生事件，因此对之前介绍的所有事件编码而言，都必须要将事件编码为连续的，或是等时间间隔的，以方便处理，但这样就会使事件原本的时间信息或其他信息丢失。因此，普通神经网络无法在不丢失信息的情况下，处理事件信息这一类不连续的信息，这也是普通神经元的一个局限。

然而，在人类神经元中，其接触的均为不连续的信息。人脑神经元是以脉冲形式传递信息的，脉冲是一种电信号，可以使神经元离子流动，使细胞膜内外的电位发生变化。脉冲发送时间较短，一般为 $1 \sim 2\text{ms}$，并且不随距离的增加而衰减，因此脉冲信息可等效为不连续的波峰，如图 9-1 所示。

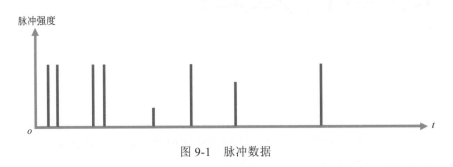

图 9-1　脉冲数据

而对神经网络而言，要处理这样的数据，首先需要将不连续的位置填充为 0 才能处理，这样显然会加大数据的冗余性和稀疏性，处理难度较大。因此，新一代神经网络——脉冲神经网络应运而生。

9.2　脉冲神经网络的概念

在了解脉冲神经元模型之前，首先需要了解生物神经元传递信息的机制。除了树突和轴突可用来传递脉冲外，细胞体则用于处理传递的脉冲。普通神经元模型单纯将细胞体看作是一个加权求和及激活函数的变换，但实际细胞体则在做着电位差变化的工作。具体而言，一个细胞体在接收前一级神经元的脉冲输入后，以化学离子浓度变化的方式，导致细胞膜内外电位差改变。而如果改变的阈值大于某一阈值，并且不处在绝对不应期内，则就向下一级神经元发送脉冲。而如果前一级神经元对本级细胞体的脉冲强度较小，则细胞膜内外电位差改变也较小，改变的阈值可能会小于某一阈值，那么本级细胞体就不会向下一级神经元发送脉冲，如图 9-2 所示。

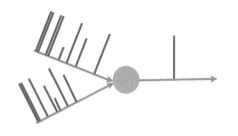
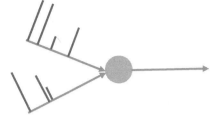

(a) 接收较强脉冲　　　　　　　　　　　　　　　(b) 接收较弱脉冲

图 9-2　神经元的脉冲发放

　　绝对不应期指的是神经元在接收到上一级神经元的脉冲并发放脉冲后的某一时间阈值 T_n 内，无论上一级神经元发放的脉冲强度有多高，该神经元均不发送任何脉冲。与此对应的还有相对不应期的概念，出现在绝对不应期后，此时只有上一级神经元脉冲超过前一个脉冲强度，才会产生脉冲。而连接脉冲、绝对不应期和相对不应期的稳定状态为静息电位。在神经元不接收任何脉冲输入的情况下，细胞膜内外由于离子的流动，就会产生一个稳定的电位差，称为静息电位。可以画出脉冲输入、绝对不应期、相对不应期和静息电位的电位示意图如图 9-3 所示。

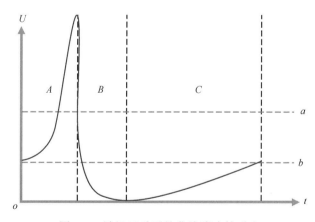

图 9-3　神经元受到并发放脉冲的反应

　　图 9-3 中，线 a 表示神经元的阈值，超过该阈值即发放脉冲，线 b 表示神经元的静息电位。区域 A 表示神经元受到上一级神经元的脉冲作用，引起膜内外电位变化超过阈值，开始发放脉冲。区域 B 表示绝对不应期，区域 C 表示相对不应期。区域 C 后，神经元膜内外的电位差回到静息电位，又可对上一级神经元的脉冲反应。而描述神经元接收脉冲、发送脉冲的过程按照不同的简化程度可以有多种形式，最常用的模型为基于微分方程的 LIF 模型、RF 模型等。

9.2.1 脉冲神经元模型

在本节中，主要介绍 LIF 模型及 RF 模型两种易于代码实现的模型。对于脉冲神经元而言，在没有接收到脉冲的时候，其电位总是保持为静息电位。也就是说，可将膜内外电位差用变量 U 表示，而静息电位时，$U = V_0$ 为一个常数，无需进行计算。因此，脉冲神经元仅在接收到上一级神经元的脉冲后进行计算。

LIF 模型的思想是将神经元看作为一个电容，电流的变化引起膜内外电位差的变化。LIF 模型中的电流主要由三部分构成：泄漏电流、脉冲电流和静息电流。其中，泄漏电流的作用是"泄漏"，即促使膜电位恢复到静息电位中，其表达式为：

$$I_{\text{leak}} = -\frac{C_m}{\tau_m}(U - V_0) \tag{9-2}$$

式中，C_m 为神经元的等效电容；τ_m 为一个时间常数；此时的 $U = U(t)$，表示接收脉冲后 t 时刻的膜电位，通过膜电位的变化可构建对应的微分方程。第二部分电流为脉冲电流，即仅在脉冲接收瞬间产生的电流，其余时间为 0：

$$I_{\text{spike}} = \begin{cases} I_S, t = 0 \\ 0, t \neq 0 \end{cases} \tag{9-3}$$

最后一项为静息电流，一般为一常数，或可忽略，该电流主要用于维持神经元静息电位的存在：

$$I_{\text{current}} = I_C \tag{9-4}$$

而由于电流会导致电位的变化，因此若以神经元接收到上一级神经元发送脉冲的瞬时（$t = 0$ 时刻），那么神经元电位变化的微分方程为：

$$K\frac{\text{d}U}{\text{d}t} = I_{\text{leak}} + I_{\text{spike}} + I_C \tag{9-5}$$

式中，K 为比例系数，一般可以取 $K = C_m$。可看出，该微分方程仅含有电位的导数项，不含任何其他待定导数或高阶导数，因此可使用 Runge-Kutta 方法、欧拉方法或其他数值或解析方法对其进行求解，此处介绍基于欧拉法的求解方法。

欧拉法求解微分方程的基本公式为：

$$\begin{cases} U_1 = V_0 + \text{d}tf(0, V_0) \\ U_{n+1} = U_n + \text{d}tf(t_n, U_n) \end{cases} \tag{9-6}$$

式中，V_0 为静息电位，此时 $\text{d}t$ 为计算步长，它越小则计算得到的数值越精确。而 $f(t, U)$ 表示导数项，需要对式(9-6)进行移项得到：

$$f(t_i, U_i) = \left.\frac{dU}{dt}\right|_{t=t_i, U=U_i} = \frac{-\dfrac{C_m}{\tau_m}(U_i - V_0) + I_{spike} + I_C}{C_m} \tag{9-7}$$

随后，只需要根据公式进行迭代运算即可。

【例 9-1】取参数 $dt = 0.05, V_0 = -20, \tau_m = 0.5, C_m = 2, I_{spike} = 40, I_c = 0$，根据欧拉法计算迭代 5 次后的电位变化。

【解】首先，需要计算式(9-6)，获得递推公式的初值：

$$U_1 = -20 + 0.05 \times \frac{-\dfrac{2}{0.5} \times (-20 + 20) + 40}{2} = -19 \tag{9-8}$$

随后，根据递推公式的第二式，分别计算后续的四个电位：

$$\begin{cases} U_2 = U_1 + 0.05 \times \dfrac{-\dfrac{2}{0.5} \times (-19 + 20)}{2} = -19.1 \\[2mm] U_3 = U_2 + 0.05 \times \dfrac{-\dfrac{2}{0.5} \times (-19.1 + 20)}{2} = -19.19 \\[2mm] U_4 = U_3 + 0.05 \times \dfrac{-\dfrac{2}{0.5} \times (-19.19 + 20)}{2} = -19.271 \\[2mm] U_5 = U_4 + 0.05 \times \dfrac{-\dfrac{2}{0.5} \times (-19.271 + 20)}{2} = -19.3439 \end{cases} \tag{9-9}$$

可以发现，除了 $t = 0$ 时，其余时刻的膜内外电位差均不断下降，且下降的幅度越来越小，最后回到静息电位。从而，可以得到电位变化的图像如图 9-4 所示。

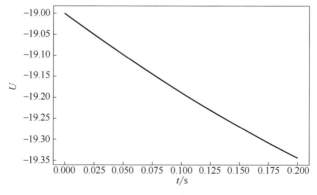

图 9-4　例 9-1 结果图

而由于神经元接收到的脉冲可能来自多个上一级神经元，且脉冲到来的时间各不相同。此时可以以神经元接收到的第一个脉冲为 $t=0$ 时刻，这样就可以定义后续脉冲到达的时间为 $t=t_i$。而对常微分数值解而言，t_i 时刻可对应施加到其最近的时刻。例如，取 $dt=0.05$，而某一脉冲在 $t=0.03$ 传来，那么由于 $t=0.03$ 与微分计算时刻 $t=0.05$ 最近，因此 I_{spike} 应在 $t=0.05$ 时进行计算。

【例9-2】以例9-1为条件，新增加三个脉冲，其时刻和强度分别为：$t=0.03$，$I_{S1}=680$; $t=0.08$，$I_{S2}=920$; $t=0.122$，$I_{S3}=400$。使用欧拉法以 $dt=0.01$ 计算到 $t=0.15$ 的电位变化并作图。

【解】同理，可根据式(9-8)计算出电位初值：

$$U_1=-20+0.01\times\frac{-\dfrac{2}{0.5}(-20+20)+40}{2}=-19.804 \tag{9-10}$$

U_2 的计算方法与例9-1相同。对于 U_3 的计算，则需要考虑下一个脉冲：

$$U_3=-19.80792+0.01\times\frac{-\dfrac{2}{0.5}(-19.80792+20)+680}{2}=-16.4117616 \tag{9-11}$$

可以看出，在经过 $t=0.03$ 的脉冲后，电位差在上一个脉冲作用后的基础上上升了。同理，在随后的脉冲中，其电位差也是在前一个脉冲作用的基础上不断上升。

而对于最后一个脉冲，由于微分计算点为 $t=0.12$ 和 $t=0.13$，而脉冲到达时间 $t=0.122$ 距离 $t=0.12$ 较近，因此应在 $t=0.12$ 时增加脉冲电流：

$$U_{12}=-12.62+0.01\times\frac{-\dfrac{2}{0.5}(-12.62+20)+400}{2}=10.77 \tag{9-12}$$

最后，可得结果图如图9-5所示。

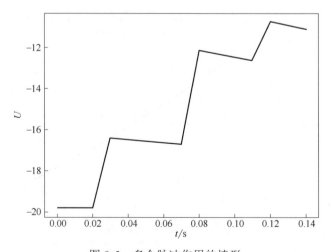

图9-5 多个脉冲作用的情形

从分析和结果可知，LIF 模型体现出来的是一种积分的思想，当短时间内作用多个脉冲时，每个脉冲都可以在前一个脉冲的基础上将电位差增加一点。这样，就可以很快地让电位差到达可发送脉冲的阈值，从而发送脉冲。值得注意的是，LIF 忽略了相对不应期，直接将其视为绝对不应期。而由于绝对不应期的存在，在随后的 T_n 时间内，就算神经元收到了密集的脉冲信号，也不会发送脉冲。而经过 T_n 后，神经元又可以接收新的脉冲并做出反应。

9.2.2 脉冲全连接层

对于第二代神经元而言，构成全连接层的输入与输出的关系仍可用线性加权式表示：

$$o_{i+1} = F(w_i o_i + b_i) \tag{9-13}$$

然而，能将神经元模型使用这种方法计算的前提是每个神经元的计算是同时进行的。而对脉冲神经网络而言，每个神经元脉冲的计算式是根据上一级神经元的脉冲决定的，是不同时进行的。因此也就无法使用这种方法进行简化计算，必须单独计算每个神经元的脉冲微分方程。

虽然普通神经元模型的全连接层无法为脉冲神经网络的全连接层的构建带来任何的计算渐变，但权值的思想仍可用于脉冲神经网络。在生物神经元中，权值代表了神经元与神经元联系的紧密程度。因此，上一级神经元与本级神经元的权值越大，在脉冲幅度相同的情况下，影响本级神经元电位变化的程度也就越大：

$$I'_{\text{spike}} = w_i I_{\text{spike}} \tag{9-14}$$

式中，I_{spike} 为接收到上一级某脉冲所能产生的脉冲电流，I'_{spike} 为加权后产生的脉冲电流。脉冲神经网络全连接层所需要学习的和普通全连接层相同，也是神经元之间的权值。但是权值的改变，就会影响下一级神经元的脉冲发放，因为权值的降低会导致原本可发放的脉冲由于电位变化没达到阈值而不能发放，从而影响本级神经元的脉冲发放频率。也就是说，在脉冲幅度相同的情况下，脉冲神经网络能带来的有用信息在于脉冲的发送频率。定义在某一段时间内某神经元在不同时间点发放的脉冲为脉冲序列。例如，神经元 A 分别在 $t = 0.01, t = 0.04$ 发送了两个脉冲，取时间区间为 $[0, 0.05]$，那么脉冲序列可表示为图 9-6。

由于脉冲神经网络本质上是对脉冲产生的频率做编码，因此如果脉冲序列相同，所包含的信息也就相同。基于这个原理，脉冲神经网络也就可以进行有监督的学习，进行分类任务等。与图像、向量的相似度度量方法相同，

也可以建立其脉冲序列的相似度。图像、向量等相似度最经常用的度量方法
为 L_2 损失：

$$L_2 = \sqrt{\sum_{i=1}^{N}(y_i - \hat{y}_i)^2} \tag{9-15}$$

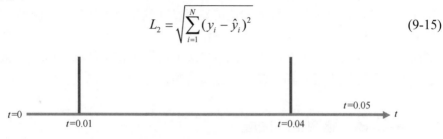

图 9-6　脉冲序列可视化

L_2 损失越小，图像或向量的相似度也就越高。而脉冲序列由于其脉冲发送
的频率是表征的，因此其 L_2 损失应为时间的函数：

$$L_2 = \sqrt{\sum_{i=1}^{n}(t_i - \hat{t}_i)^2} + \sqrt{\sum_{i=n}^{N}t_{\text{none}}^2} \tag{9-16}$$

式中，考虑到两个脉冲序列中含有的脉冲序列可能不相等，因此在某个脉
冲序列中有，而其他脉冲序列中无的脉冲发送时间为 t_{none}。判断脉冲有无的条
件是两个序列中的其他脉冲接近程度相当于与相邻脉冲的时间的一半以内。

【例 9-3】计算如图 9-7 所示的两个脉冲序列的相似性。

图 9-7　例 9-3 图

【解】显然可以看出第一个脉冲序列比第二个脉冲序列多出了 $t=0.024$ 这一
脉冲，而其他脉冲的距离较为接近。因此可认为这一脉冲的发送时间为 t_{none}，
从而可根据式(9-16)进行计算：

$$L_2 = \sqrt{(0.01-0.012)^2 + (0.04-0.042)^2} + \sqrt{0.024^2} = 0.0268 \tag{9-17}$$

9.2.3 脉冲卷积层

对普通卷积层而言，脉冲卷积层可看成是卷积核与图像特定区域加权求和的过程，并且卷积核在图像上滑动时，权重是保持不变的。但对脉冲神经网络而言，无法定义卷积核滑动的过程，因为脉冲可能在任意时刻的任意区域产生。因此，需要另寻脉冲卷积层的定义方法。

一种思路是将卷积看成是信息富集的过程，如果给定输入图像与卷积核尺寸等信息，那么就可以计算出输出图像的信息。因此，可将脉冲神经网络的指定区域按照输出图像的对应位置赋予不同的权重，从而再按照多层感知机的计算方法进行计算。

【例9-4】设输入尺寸为 $(4,3)$，采用尺寸为 $(3,3)$ 的卷积核进行卷积，步长 $s=1$，没有 Padding，卷积结果为 $(2,1)$，其中每个神经元的参数与例9-2相同，其中，不应期时长 $t=0.04$，发送脉冲阈值为 $U=-15$。并给定卷积核权重为：

$$W = \begin{pmatrix} 1 & 2 & 3 \\ 4 & 5 & 6 \\ 7 & 8 & 9 \end{pmatrix} \tag{9-18}$$

对于第一行神经元，在 $t=0$ 发送脉冲；第二行神经元在 $t=0.02$ 发送脉冲；第三行神经元在 $t=0.06$ 发送脉冲，脉冲强度 $I_{spike}=500$。计算输出神经元的脉冲序列。

【解】首先需要明确脉冲卷积神经网络的权重分布及输出的路径，如图9-8所示。

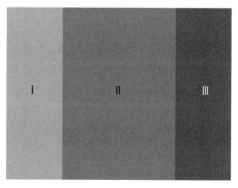

图9-8　明确权重分布及输出路径

图9-8中，区域Ⅰ为输出到第一个神经元的区域，区域Ⅲ为输出到第二个神经元的区域。而区域Ⅱ既需要输出到第一个神经元，也需要输出到第二个神

经元，内部的权重需要根据输出到神经元的位置进行判定。

随后，就需要计算输出的脉冲序列了。为方便起见，先从左侧神经元开始计算，再计算右侧神经元的输出。对左侧神经元的 $t=0$ 时刻，根据脉冲全连接层的原理，接收到的脉冲强度为：

$$I_S = 500 \times (1 + 2 + 3) = 3000 \qquad (9\text{-}19)$$

随后，可以根据微分方程计算出第一个神经元的电位并判断是否产生脉冲：

$$U_1 = -20 + 0.01 \times \dfrac{-\dfrac{2}{0.5} \times (-20 + 20) + 3000}{2} = -5.0 > -15.0 \qquad (9\text{-}20)$$

显然发射了脉冲。而对于 $t=0.02$ 的脉冲，由于 $t=0.01$ 时刻已发送了脉冲，因此处在随后的不应期中，故 $t=0.02$ 不发送脉冲。而 $t=0.06$ 时由于离开了不应期，因此具备发送脉冲的条件。计算得：

$$U_6 = -20 + 0.01 \times \dfrac{-\dfrac{2}{0.5} \times (-20 + 20) + 500 \times (7 + 8 + 9)}{2} = 40.0 > -15.0 \qquad (9\text{-}21)$$

故也发送脉冲。

而对于右侧的神经元，其计算方法与上述计算完全相同。最后，可以得出二者的脉冲序列相同，均在 $t=0.01$ 及 $t=0.06$ 时产生脉冲。

9.2.4 脉冲池化层

与一般神经元类似，脉冲神经网络也可以定义池化层的概念，包括最大池化和平均池化。最大池化指的是在几个脉冲序列中取最大的作为输出。例如，对如图 9-9 所示的两个脉冲序列进行最大池化：

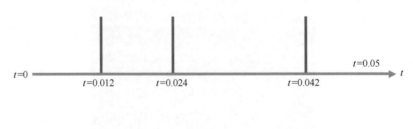

图 9-9　脉冲序列

在二者均不发送脉冲时，池化结果为 0。因为不发送脉冲就代表着脉冲强度为 0。而在二者均发送脉冲时，脉冲强度与其最大的脉冲程度相等。而在一个序列不发送脉冲，另一个序列发送脉冲时，其池化结果为发送脉冲。如此，将两个脉冲序列做最大池化相当于将两个脉冲序列进行叠加，如图 9-10 所示。

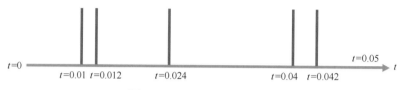

图 9-10　脉冲最大池化结果

同样，对平均池化而言。如果均不发送脉冲，那么平均池化的结果为 0。如果一方发送脉冲，另一方不发送脉冲，那么其平均池化的结果为发送脉冲强度的一半。如果二者均发送脉冲，那么其结果相当于二者脉冲强度的平均值。写成统一的式子为：

$$P(T_1, \cdots, T_n) = \frac{I_{\text{spike1}} + I_{\text{spike2}} + \cdots + I_{\text{spiken}}}{n} \tag{9-22}$$

9.3　脉冲神经网络的学习

对一般神经网络而言，主要通过误差反向传播算法进行学习和训练。而误差反向传播算法是基于梯度的方法，要求每个神经元的输入与输出之间具有可导的函数关系。然而，脉冲神经网络中神经元的输入与输出之间是通过脉冲的频率进行编码的，脉冲本身并不可导。因此，需要寻找新的学习方法。

一种思路是借鉴脉冲序列的相似性，作为标签信息，通过某种无需求导规则传递误差信号进行权重更新。这种方法属于监督学习的方法，但由于每个神经元的脉冲序列各不相同，因此无法像一般神经网络一样通过通用的公式批量化进行参数的更新，计算效率较低。

另一种思路是从生物神经元的角度出发寻求定量的学习方法，属于无监督学习的方法。在这一领域具有代表性的是 Hebb 学习方法，其思想是神经元和神经元的连接与使用频率有关。如果神经元和神经元的连接经常传递脉冲，其使用频率就较大，连接强度也就越大，也就是具有越大的权重。相反，如果神经元之间较少发送脉冲，那么其权重就会慢慢衰减。

如何定量描述 Hebb 学习规则呢？可以使用 STDP 模型进行描述，其基础就是 Hebb 学习规则。

为了满足越频繁接收脉冲的神经元连接，强度越强，则需要在脉冲接收的瞬间，定义时间间差 $\Delta T = t_f - t_{f-1}$。其中 t_f 为接收本脉冲所对应的时刻，t_{f-1} 表示接收上一时刻脉冲所对应的时刻。因此，ΔT 越小，其强度也应越大。最简单的模型为反比例模型：

$$w_i = \frac{1}{T_i} \tag{9-23}$$

更新权重的数值可对其两端进行求导：

$$\frac{\mathrm{d}w_i}{\mathrm{d}t} = -\frac{1}{T_i^2} \tag{9-24}$$

而当 t_f 与 t_{f-1} 非常接近时，其数值趋近于无穷大，因此需要进行限幅操作。一种思路是引入最大学习率的概念，即将函数向左平移 α 个单位，使其最大改变数值为一有限值。并且，设定幅度因子 K 以表征时间差的影响程度。

$$\frac{\mathrm{d}w_i}{\mathrm{d}t} = -\frac{K}{(T_i + \alpha)^2} \tag{9-25}$$

此时可发现，无论 T_i 为多少，其权重的变化均为下降，这是不符合实际的。因此可设置阈值 T_h，当 $T_i < T_h$ 时，权重的变化为上升趋势，反之亦然：

$$\frac{\mathrm{d}w_i}{\mathrm{d}t} = (T_h - T_i)\frac{K}{(T_i + \alpha)^2} \tag{9-26}$$

而除了脉冲接收的瞬间，还需要考虑无脉冲作用的情况。在无脉冲作用时，权重始终保持缓慢下降趋势，可用对数函数表示。

$$\frac{\mathrm{d}w_i}{\mathrm{d}t} = -K_2 \ln\left(t_i - t_{f-1} + 1\right) \tag{9-27}$$

式中，K_2 为时间衰减因子，其数值越大，权重衰减得越快。

9.4　脉冲神经网络的特点

9.4.1　编码要求

脉冲神经网络是以脉冲为基本单位的，每个神经元是单独进行计算的，因此非常适合事件信息。在事件相机中，事件产生的瞬间就会发信号出去，这一过程可看作事件作为脉冲发送给第一个神经元的过程。因此事件不需要特殊的编码，即可看作是脉冲神经网络的输入，这样就有效减少了事件编码所带来的高延迟问题。

然而，如果事件仅以脉冲形式传入脉冲神经网络，则仅包含了 (x, y, t) 的信息，而丢失了事件的极性信息。为了保留极性信息，引入负脉冲的概念。即当 $p = 1$ 时，事件引起的脉冲强度为正，而 $p = -1$ 时，事件引起的脉冲强度为负。此外，在后续神经元的计算中，也需要考虑负脉冲的问题，需要分两种情况将公式改写成对应接收正脉冲和负脉冲的情况。

例如，在 LIF 模型中，前面所举的例子是在正脉冲的情况下进行脉冲发送和计算的，而如果考虑负脉冲的情况，则可将 LIF 的负脉冲情况考虑进去——当接收到若干个负脉冲使神经元的膜电位低于某个阈值时，就发送负脉冲。正负脉冲不能一起计算，必须分开计算，其原因是如果输入的正脉冲数与负脉冲数相当，神经元则不会发送任何脉冲信号。

9.4.2 脉冲神经网络的局限

对脉冲神经网络而言，其神经元的计算仅在接收脉冲的时刻进行。尽管脉冲神经网络的神经元计算需要使用欧拉法或 Runge-Kutta 等方法，但是由于脉冲是稀疏的，如果从单个神经元的角度看，其计算量比一般神经元少得多。而脉冲神经网络的脉冲发放和接收机制无法使用公式描述，这就造成了脉冲神经网络需要大规模并行计算的能力。这一能力需要消耗超级计算机或云端计算的资源，因此其成本较高。

此外，从训练方法上看，脉冲神经网络不需要复杂的求导过程，可以有效减小训练的计算量。但另一方面，STDP 训练方法为无监督训练方法，其分类和识别等任务的准确率明显低于有监督的训练方法，但有监督的训练方法在脉冲神经网络较难应用。也就是说，脉冲神经网络的另一个缺点就是缺少有效的训练方法。

理解脉冲神经网络的难度要远远大于普通神经网络，因为其结构的复杂性和脉冲序列的抽象性。如此，也会限制脉冲神经网络的相关应用。

脉冲神经网络的上述几个局限导致脉冲神经网络成本较高，难以在一般笔记本电脑上运行。因此未来脉冲神经网络的趋势是减小计算量并找到行之有效的计算方法。

9.5　思考与练习

1．除了 LIF 神经元模型外，还有什么其他的神经元模型？
2．STDP 有多种变体，试举例和推导其过程。
3．事件与脉冲的关系是什么？
4．试通过权重变化的微分方程求解出例 9-2 中神经元的权重变化。
5．为什么脉冲神经网络难以训练？

第10章

基于生成对抗网络的事件处理

考虑到事件相机生成出来的事件信息与一般彩色/灰度图像信息存在一定联系，而事件相机具有高时间分辨率、高动态范围的优点。因此，如果可以将事件相机生成数据的某一编码形式，通过神经网络转换为彩色/灰度图像，则可以完成彩色/灰度图像的高时间分辨率重构的任务。对于事件信息编码与彩色/灰度图像的转换，可以通过卷积-反卷积运算实现。但目前主流的图像转换和生成任务一般都使用生成对抗网络（GAN）的方法进行实现。

10.1　生成对抗网络的基本原理

GAN 与一般卷积神经网络的原理不相同，卷积神经网络进行事件信息的提取，需要有对应的数据集和标签，通过数据输入至网络，输出一组预测标签，与真实标签进行对比，通过某种度量方法进行损失函数的运算和反向传播更新参数，从而更好地学习其中的特征，为有监督学习的一种。但对于 GAN 而言，其原理来源于博弈论中，不需要标签的支持，属于自监督学习的一种。

10.1.1　普通 GAN 的对弈原理

普通生成对抗网络主要由两部分组成——生成器与鉴别器。生成器指的是可以通过具有某种分布的随机噪声或输入数据，输出一组具有与输入数据分布不同的有规律的数据信息，例如一张图像。因此，生成器要求输入数据和输出数据具有不同的分布，而改变分布最常用的手段就是卷积和池化。通过一系列线性变换以及激活函数，将数据集中的数值映射到高维、多通道的空间中，因此分布与原始输入数据不相同。

对于事件信息与普通彩色/灰度图像信息互转的任务而言，输入生成器的信息应为事件点信息，或者具有某种编码的事件图像信息，而其生成器的输出应为彩色/灰度图像。若输入的事件编码是局部 CountImage 编码，则可以采用如图 10-1 所示的生成器结构。

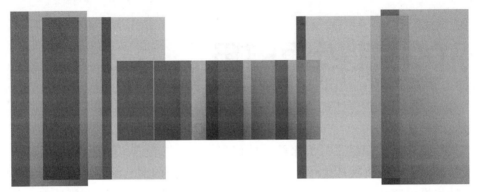

图 10-1　生成器结构

图 10-1 中，左侧部分表示输入、卷积、池化的过程，此时输出特征图的尺寸逐渐减小。而右侧部分则表示反卷积模块，其输出特征图的尺寸不断变大。为了让事件信息与生成的图像信息上的像素点具有一定的匹配程度，可以将生成器的输入大小与输出大小调整为相同的尺寸。

反卷积是生成器中的重要结构，具有恢复特征图尺寸的功能，同时也有多种形式，但其原理基本类似。对之前介绍的正向卷积运算而言，其输出特征图 Y 和 X 的关系为：

$$Y = Conv(X) \tag{10-1}$$

而由于卷积是线性运算，因此等号右端也可以写成一个矩阵的形式：

$$Y = CX \tag{10-2}$$

式中，C 代表了将 X 映射成 Y 的卷积矩阵。而反卷积的过程就是将输出特征图 Y 映射到输入特征图 X 的过程，根据线性代数的知识得也即：

$$X = C^{-1}Y \tag{10-3}$$

由于矩阵乘法是线性变换，而一个矩阵求逆后仍是一个矩阵，因此对输出特征图 Y 进行反卷积的运算仍是一种线性变换。而反卷积矩阵 C^{-1} 可以通过化二维为一维的方法进行求解，但其过程较为繁琐，可视性程度差，计算量也相对较大。因此，可以通过其他方法进行反卷积，例如使用上采样结合正向卷积、

Padding 的方法进行反卷积。但这种方法要求卷积步长 $s>1$，否则无法起到明显改变图像尺寸的功用。

上采样是对最大池化层的逆运算，最大池化层可以通过池化区域尺寸 (w_p,h_p) 和池化步长 s 将图像大小缩小。而若采用步长 $s=2$，池化核尺寸为 $(2,2)$ 的最大池化，对一个仅在池化核的对应区域填充了非 0 数的矩阵 A 进行最大池化，则会得到由其非 0 数对应拼接而成的矩阵 B，如图 10-2 所示。

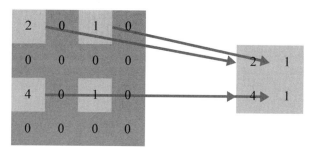

图 10-2 填 0 最大池化示意

如此，步长和池化核尺寸均为 2 的最大池化，可以将一个矩阵进行下采样，即获得尺寸小于 A 的矩阵 B。而对于一个内部值均为非 0 的矩阵 B，则可以反过来，通过向其周围填 0 的操作，获得一个包含若干 0 值的较大矩阵 A，这一过程称为上采样。

上采样的具体操作可以分为三个步骤。首先，可以定义一个索引，如 $(1,1)$ 为左上角，指的是左上角的数值为非 0 数值。随后，将其周围 (s,s) 的区域填充 0 值，最后将每个数按照原来的行列关系拼接而成，如图 10-3 所示。

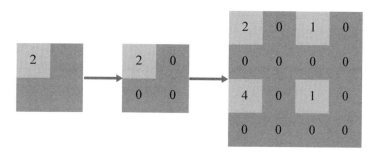

图 10-3 矩阵的上采样示意

而有时候，进行最大池化前，对应的原始矩阵 A 中非 0 元素并不一定全在同一索引，因此对 A 进行池化后所得的矩阵 B，再进行相同步长的上采样，不一定可以恢复到原始矩阵 A，因为对应位置处的元素不一定为 0，但其尺寸可以恢复到原始矩阵 A。因此，先进行下采样，再进行上采样可能会导致信息丢失。解决该问题的一种思路是将输入矩阵 A 中非 0 元素的位置记录下来,在后续的上采样中,将非 0 元素填充于原有对应位置,这样,就解决了元素不对应的问题。

如此,对于一个尺寸为 (w,h) 的矩阵进行步长为 s 的上采样,其尺寸可以变为 (ws,hs),即宽高维度均扩大了 s 倍。可以看出,这种扩大可以成倍扩大矩阵的维度,可以促进将较小矩阵 B 扩展为较大输出特征图的过程。但上采样中,没有引入参数,而且可能会产生信息丢失,为弥补这一过程,还需要引入一个正向卷积,从而提取图像特征。为了确保上采样的尺寸不发生显著改变,引入的正向卷积的步长总是固定为 $s=1$ 的。

随后的过程与一般正向卷积的过程类似,将上采样后的图像作为输入图像,其输出特征图的尺寸为:

$$w_o = 1 - w_k + sw + 2\beta \tag{10-4}$$

可以看出,在上采样后的卷积对输出特征图的尺寸改变不明显,而改变较为明显的则为上采样部分。由此可以看出,计算反卷积的一种思路是将其分解为上采样和正向卷积。

【例 10-1】若输入特征图的尺寸为 $(6,6)$,取卷积和反卷积的 Padding 数 $\beta = 0$,卷积核尺寸均为 $(2,2)$,池化步长 $s=2$,卷积步长 $s=1$,反卷积步长 $s=2$,求经过正向卷积、最大池化和反卷积后,输出特征图的尺寸。

【解】首先,根据正向卷积尺寸的变化规律,有:

$$w_{o1} = w + 2\beta - w_k \tag{10-5}$$

代入 $w = 6, \beta = 0$,可得:

$$w_{o1} = 4 \tag{10-6}$$

此时,经过池化核为 $(2,2)$ 的最大池化后,其宽或高维度的尺寸变为:

$$w_{o2} = 2 \tag{10-7}$$

随后,根据反卷积的分解,先进行 $s=2$ 的上采样,特征图尺寸变为:

$$w_{o3} = 4 \tag{10-8}$$

最后,再根据卷积的运算规律,可得输出特征图的尺寸:

$$w_o = 1 - w_k + w_{o3} = 3 \tag{10-9}$$

从例 10-1 中可以发现,经过一次正向卷积和池化,与经过相同步长的反卷积输出特征图的尺寸并不相同,这是由于 Padding 不匹配。因为反卷积本质上包含正向卷积,若不经过 Padding 过程,则会导致输入特征图尺寸和输出特征图尺寸不匹配。

因此,考虑过程为正向卷积、最大池化、反卷积的子系统,假设正向和反卷积的 Padding 数分别为 β_1、β_2，最大池化的步长与反卷积的步长 s 均相同，正向卷积的步长 $s=1$，考虑正向卷积后为特征图任意维度尺寸均为 s 的整数倍的情况，根据正向卷积和反卷积的公式，有：

$$\begin{cases} w_{o1} = 1 + w + 2\beta_1 - w_k \\ w_{o2} = \dfrac{1}{s}w_{o1} \\ w_{o3} = 1 + sw_{o2} + 2\beta_2 - w_k \end{cases} \tag{10-10}$$

式中，w_{o1}, w_{o2}, w_{o3} 分别表示经过正向卷积、最大池化、反卷积后输出特征图的尺寸。因此，可以将式(10-10)进行联立和化简，直接获得输入特征图和输出特征图的尺寸：

$$w_o = 2 + w + 2\beta_1 + 2\beta_2 - 2w_k \tag{10-11}$$

若要使输入特征图尺寸与输出特征图尺寸相等，需要满足的条件为：

$$\beta_1 + \beta_2 = w_k - 1 \tag{10-12}$$

由于存在两个未知数，而只有一个方程，因此该方程存在无穷多组解。但一般希望进行正向卷积和反卷积时，Padding 数尽量均匀以减少信息丢失，因此，可以令：

$$\beta_1 = \beta_2 = \frac{w_k - 1}{2} \tag{10-13}$$

从而，可以解出对应的 Padding 数。

【例 10-2】若输入特征图的尺寸为 $(6,6)$，选取合适的 Padding 数，卷积核尺寸均为 $(2,2)$，池化步长 $s=2$，卷积步长 $s=1$，反卷积步长 $s=2$，求经过正向卷积、最大池化和反卷积后，输出特征图的尺寸。

【解】首先，确定对应的 Padding 数：

$$\beta_1 = \beta_2 = \frac{2-1}{2} = \frac{1}{2} \tag{10-14}$$

可以发现，β 不为整数，其表示单向加边，可以增加于非 0 值较为稠密的方向上。随后，将输入特征图进行正向卷积，有：

$$w_{o1} = 1 + 5 - 2 + 2 \times \frac{1}{2} = 6 \tag{10-15}$$

可以发现，卷积后的尺寸增大了，这对接下来的池化和反卷积有利，接着可计算出经过最大池化层后的特征图尺寸为：

$$w_{o2} = \frac{1}{2} \times 6 = 3 \tag{10-16}$$

将其进行反卷积，可得输出特征图的尺寸为：

$$w_o = 1 + 2 \times 3 + w \times \frac{1}{2} - 2 = 6 \qquad (10\text{-}17)$$

从例 10-2 中可以发现，在这种情况下，输出特征图尺寸与输入特征图尺寸相等，这也就为我们寻找事件点与彩色/灰度图像上对应的像素点的关系打下了基础。

生成器由一系列卷积和反卷积构成，但是判别器仅由一系列卷积和池化等操作构成，其主要功能是判别生成器生成的图片为真实图片的概率。则其输出应为一范围为 [0,1] 的数值，输入应为一张图像。因此，判别器需要将一张图片的尺寸缩小到 (1,1)，无需反卷积或仅需有限数量的反卷积，主要以卷积和池化层为主。

判别器的任务是判别生成器生成的图片为真的概率，判别器接收的输入图像并不仅有生成器输出的图像，还需要有一系列真实的图像。但是，真实图像是无需存在标签信息的，因为判别器学到的并不是真实图像的某个分类，而是真实图像中的某一分布或某一特征，因此无需考虑具体的类别。同理，生成器生成的图像也无需考虑类别信息。由此，可以建立 GAN 的具体结构如图 10-4 所示。

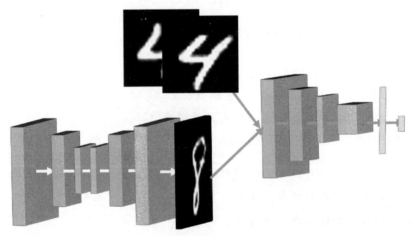

图 10-4　GAN 的结构

图 10-4 中，左侧网络为生成器，右侧网络为判别器。生成器通过事件信息生成灰度图像信息，而判别器则判别生成器生成的灰度图像信息为真的概率。为方便推导，可引入符号 $G(\bullet)$ 表示生成器，$D(\bullet)$ 表示判别器。那么对于输入数据 x，生成器生成的图像为 $\hat{y} = G(x)$，而生成器生成的图像经过判别器后，判断为真的概率为 $p_{\text{fake}} = D(\hat{y}) = D\big[G(x)\big]$，而真实图像经过判别器后，判断为真的

概率为 $p_{real} = D(y)$。

而对于 GAN 而言，初期生成器和判别器的权重为初始化的权重，生成器通过给定数据生成的图像也是杂乱无章的，很容易与真实图像区分开。但由于判别器的权重也是直接初始化的权重，因此对生成器输出的图像表示为真的概率 $p_{fake} \approx 0.5$，即无法分清究竟何为生成器生成的图像何为真实图像。如果此时同步训练生成器和判别器，最终输出图像为真的概率 $p_{fake} \approx 0.5$，即理论上判别器分不清何为生成器生成的图像何为真实图像，这有两种可能，一种是生成器生成的图像与真实图像类似，导致判别器无法分辨，还有一种可能就是二者权重仍然处于杂乱无章状态，即判别器性能较低。但事实上，由于生成器和判别器中的权重多少、参数优化路径均不一样，因此同时训练生成器和判别器很难达到 $p_{fake} = 0.5$ 的目标，会导致一个模型收敛，而另一个模型尚未收敛的情况。

对此，可以采用分别训练的方法。训练 GAN 的最终目标是使得生成器产生的图像与真实图像相似，并且判别器对生成器生成的图片判别为真的概率为 $p_{fake} = 0.5$。而站在生成器和判别器各自的角度，可以将 GAN 的训练目标更加明确。

生成器希望产生的图像与真实图像类似，即希望判别器通过生成器产生的图像后，判别为真的概率为 $p_{fake} = D[G(x)] = 1$。对于判别器，希望能够明确判别出生成器生成的图片与真实图片的差异，因此判别器希望达到 $p_{fake} = D[G(x)] = 0$。如此，就产生了生成器希望其生成的图片被判别器判别为真实图片，而判别器希望自己可以分辨出生成器生成的图片与真实图片的矛盾，这一矛盾，会使生成器和判别器在不断对抗中进步。

最后就会使得生成器生成的图片类似于真实图片，但生成器发现，判别器无法被生成的图像迷惑，判断为真的概率为 $p_{fake} = 0.5$，因此只能屈服。而判别器的分辨能力也无法再提升，因此也只能屈服于 $p_{fake} = 0.5$。此时，生成器的生成能力和判别器的判别能力都已达到极致，GAN 的训练也就此结束，此时称生成器和判别器达到了纳什均衡状态。

根据 GAN 的概念，生成器生成的图像也需要进入判别器才可以计算出损失，因此更新生成器时，所用的损失仍为一个二分类损失，即当 $p_{fake} \geq 0.5$ 时，判断为真。如果直接将损失反向传播以更新参数，则由于生成器生成的图像也要经过判别器，会同时更新生成器和判别器的损失。因此训练生成器的时候，需要将判别器的参数进行冻结，反向传播时，不对冻结的参数进行更新，仅更新生成器的参数。由于生成器的参数完全由判别器的分类结果确定，其标签只有生成器生成的图像，因此生成器训练本质上为一自监督的过程。

而对判别器，其主要任务是判别生成器生成的图片与真实图片的差异。同样为了避免同时更新，需要将生成器的权重进行冻结，并通过数据输入生成器生成一组生成图像，与真实图像一起输入判别器，进行二分类，从而更新判别器的参数。由于生成器生成的图像为同一标签，而外部来源图像为另一标签，这是可以知道的，因此判别器训练二分类为自监督性质。

综上，可以令 $L(G)$ 表示生成器的损失，$L(D)$ 表示判别器的损失，从而可以绘制出损失传递路线如图 10-5 所示。

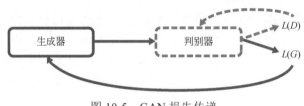

图 10-5　GAN 损失传递

图 10-5 中，不同线型的曲线表示需要冻结的参数，例如对于生成器更新而言，虚线部分为需要冻结的参数和步骤。

一般而言，都是先训练判别器，让判别器具有初步识别噪声的能力，再进行生成器的训练，从而生成与噪声具有一定分辨能力的图片，接着再次训练判别器，以此类推。如果先训练了生成器，由于判别器完全没有判别能力，生成的概率 $p_{fake} = 0.5$，会造成生成器的参数更新不成功，也就无法生成与噪声具有一定分辨能力的图像。

但是，由于普通 GAN 仅包含了二分类信息，而没有包含具体的类别信息，因此生成器生成的图像完全是随机的，不确定是何种类别的。尽管此时仍可以达到与真实图像相同分布的目的，但在极端情况下，生成器生成的图像可能仅有一个类别。例如生成手写数字识别时，生成器生成的数字可能只有"1"，该"1"与真实图像中的"1"没有任何差别，因此生成器生成的"1"实际上与真实图像的分布没有任何区别，则生成器就只能继续生成"1"，因为生成其他的就会看出区别。普通 GAN 产生的这种现象叫作模式崩溃，为了解决模式崩溃问题，可以从不同角度提供标签信息，如此就形成了 cGAN、cycleGAN 等不同种类的 GAN 衍生网络。

10.1.2　cGAN 的对弈原理

cGAN 是 Conditional-GAN 的简称。其工作原理是在生成器和判别器的输入中加入监督性信息，如标签信息。例如，对于手写数字的分类问题，输入网络的是一张由 CountImage 编码的事件图像，如果不增加任何监督信息，直接通过 GAN 训练，则是无监督的。而如果选用数字"2"的 CountImage 输入，并增加一个尺寸与输入图像相同，内部元素全部为"2"的矩阵，在输入时，将其拼接起来。这样就相当于给生成器增加了监督性信息。而仅给生成器增加监督信息，仍可能造成模式崩溃问题，因为判别器没有有效的监督信息进行分类。

如此，可以对真实图片也增加标签信息，一起输入判别器。如此，判别器获得的信息包括真实图像、生成器生成的图像、标签信息，比普通 GAN 增加了标签信息。将其输入判别器，就可以使判别器在学习真假图片的同时，包含标签信息，也即判别器在包含标签的条件下判别某张图片是真实图片还是生成器生成的图片。相当于判别器学得的是一个条件概率，同理对于生成器，在生成图片的时候，也是在包含标签信息的条件下生成的，生成的也是一个包含标签的条件概率。cGAN 的具体架构和损失流动如图 10-6 所示。

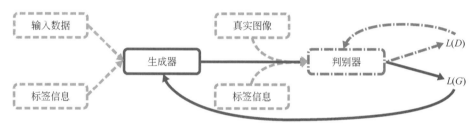

图 10-6　cGAN 架构及损失流动示意

其中可以发现，除了输入发生改变外，其损失的流动和训练过程与一般 GAN 并无太大差异，因此 cGAN 实际上仅是在 GAN 上增加了监督信息形成的，但仅这一微小的改变，足以避免模式崩溃的问题。因为其不仅学到了分布信息，也学到了图像的类别信息。

但是 cGAN 的缺点也较为明显，那就是只能做单向的转换，而对于事件信息而言，不仅可能需要从事件信息转换为图像信息，也有可能需要从灰度图像信息进行到某种事件编码的转换。如此，cGAN 就无法适用了。此外，cGAN 本质上是一个有监督的 GAN，丢失了 GAN 无监督/自监督的优点。对此，可以采用 cycle-GAN 作为其扬长避短的解决方案。

10.1.3　Cycle-GAN 的对弈原理

Cycle-GAN 的主要工作原理可以使用语言翻译这一例子通俗解释。当人们使用某种语言翻译器，将原语言 A 翻译为目标语言 B 后，若将其再翻译回原语言 A，则会发现这样的翻译过程尽管原语言是正确的，但其句式、环境等发生了较大改变。

【例 10-3】分别将"计算机视觉：事件相机原理及应用"翻译成英语、法语、俄语，再翻译回中文，查看结果。

【解】

① 英语：Computer vision: principle and application of event camera

② 法语：Vision par ordinateur: principe et application de la caméra d'événement

③ 俄语：машинное зрение: принцип камеры событий и приложения

再次翻译回中文，结果分别对应于：

① 计算机视觉：事件摄像机的原理与应用

② 计算机视觉：事件摄像机的原理与应用

③ 机器视觉：摄像机原理及应用程序

可以看出，英语和法语的翻译结果较好，但与原文相比，多了一个"摄"字。俄语的翻译结果较差，与原文相比意思基本不相符。但自然语言的翻译也给计算机视觉带来了启发：是否可以使用一张图片，将其输入网络后转换为另一种风格的图片，再将其转换回来呢？同理，也可以使用另一种风格的图片进行如此变换。这就是 Cycle-GAN 的基本原理。

具体而言，Cycle-GAN 属于生成对抗网络的一种，因此也同样包含生成器与鉴别器。但考虑到 Cycle-GAN 的功能是将符合一种分布的图像转换为另一种分布的图像，该生成器的输入为一张图像，因此该生成器包含卷积层、池化层与反卷积层，以提取图像特征并将其转换为另一张图像。鉴别器的功能与普通 GAN 及 cGAN 的功能相类似，都是通过给定真实图像与生成器生成的图像，判别其真假性。

但考虑到 GAN 中存在的模式崩溃问题，Cycle-GAN 不仅与 GAN 类似，需要将风格 A 的图片转换到风格 B 的图片，还需要再转换为风格 A 的图片。这是由于图像与图像的标签不对应，容易产生模式崩溃，而如果我们能将 A 通过一个生成器后产生风格 B 的图像，再通过另一个生成器转换回原有的 A，且两个生成器的权值不共享，那么这样也就证明了风格 A 图像转换为风格 B 图像中包含对应的信息，而不是由不同的 A 输出的都是同一张 B（多对一现象）。这样就说明了网络可以实现一对一的映射，而不是多对一的映射，也就说明网络不会造成网络退化或模式崩溃的问题。因此，可以做出一种 Cycle-GAN 的示意图和损失流动情况如图 10-7 所示。

可以看出，除了类似于普通 GAN 的结构和损失流动过程，还增加了一条损失流动路径，即从输出数据通过生成器 F 转换到类似于输入数据的图像所造成的损失。由例 10-3 知，翻译回原语言的 x' 与原语言 x 总存在一定的差异，这种差异就是损失 $L(F)$，称之为循环一致性损失。同理，对于图像数据，如将图像 x 经生成器 G 和生成器 F，再变为风格相同的图像 $x' = F[G(x)]$，而若 G 与 F 的权重是初始化的，则 x 与 x' 之间必然会出现风格上或是像素上的损失。因此，需要一个衡量 x 与 x' 之间相似度的损失，主要包括最小均方损失、结构损失、感知损失（风格损失）等。

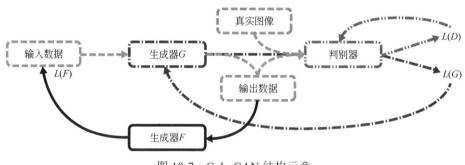

图 10-7　Cyle-GAN 结构示意

最小均方损失（MSELoss）实际上是计算两个图像上每一点像素值之差的平方，也即日常生活中两点间的直线距离，其表达式为：

$$L_1(F) = \sum \sqrt{(x_i - x_i')^2} \qquad (10\text{-}18)$$

但该损失函数的缺点也较为明显，如图 10-8 所示。

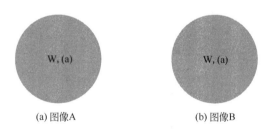

(a) 图像A　　　　　(b) 图像B

图 10-8　最小均方损失的缺陷

图 10-8 中，图像 A 与图像 B 的最小均方损失实际上是相同的，但可以看出图像 B 的结构与图像 A 不同，尽管其清晰度较图像 A 高。因此，图像 B 整体上的损失应较大，这样就可防止结构与原图差距较大而 MSELoss 较小的现象。从而，可以引入结构损失函数。

结构损失函数（SSIM）同时考虑了亮度、对比度和结构相似度，即不仅考虑了像素层面上的数值差异（即颜色和亮度），还考虑到了人类视觉感知的相似性。

首先，在亮度层面上，与 MSELoss 类似，可以求得图像的平均亮度值：

$$\mu_x = \frac{1}{N}\sum_{i=1}^{N} x_i \tag{10-19}$$

式中，x_i 是图像 x 上像素的具体数值，一般为 $0\sim255$ 之间。而研究逐个像素的亮度则又回到了 MSELoss 上，没有意义。亮度损失主要是为了检测两张相同，但是明暗程度不相同图像的区别。因此，对比两幅图像的平均亮度，就可以得出图像的亮度相似度：

$$l_1 = \frac{2\mu_x\mu_{x'} + C_1}{\mu_x^2 + \mu_y^2 + C_1} \tag{10-20}$$

式中，常数 C_1 主要是防止分母为 0 的极端条件，其数值与相机的动态范围有关，可以查阅相关的相机手册。

随后，还需要考虑图像的对比程度。对于相同亮度的图像，最大和最小像素值之差与像素数值的分布可能不相同，因此对比度损失函数衡量的是两张图像中明暗图像的变化剧烈程度，也即像素的分布（以标准差表示）。根据标准差的定义，可以写出图像对比度的表达式：

$$\sigma_x = \sqrt{\frac{1}{N-1}\sum_{i=1}^{N}(x_i - \mu_x)^2} \tag{10-21}$$

而观察 l_1 可以发现，亮度损失函数实际上是研究了两张图像的均值相似度，因此，对于标准差，也可以定义形式相同的相似程度：

$$l_2 = \frac{2\sigma_x\sigma_{x'} + C_2}{\sigma_x^2 + \sigma_{x'}^2 + C_2} \tag{10-22}$$

同理，常数项 C_2 就是为了防止分子、分母为 0，与相机的动态范围有关。根据亮度损失和对比度损失，实际上可以假设一张图上的像素数值服从正态分布，因此可以写出归一化之后的像素数值：

$$x_{i-n} = \frac{x_i - \mu_x}{\sigma_x} \tag{10-23}$$

而如果同时考虑了每个像素的归一化数值，即不仅考虑两张图像各自的均值和标准差，还需要考虑两张图像的相关性，即两张图像的协方差，那么也就可以得到图像的结构相似程度。首先，根据协方差的定义，有：

$$\sigma_{xy} = \frac{1}{N-1}\sum_{i=1}^{N}(x_i - \mu_x)(x_i' - \mu_{x'}) \tag{10-24}$$

由于协方差表示了两张图像各自存在的不独立特性，因此对比两张图像的协方差即可得到图像的结构相似度：

$$l_3 = \frac{\sigma_{xx'} + C_3}{\sigma_x \sigma_{x'} + C_3} \tag{10-25}$$

同样，常数 C_3 是为了防止两张图像标准差完全为零从而导致的分母为 0 的情况发生，一般取值 $C_3 = \dfrac{C_2}{2}$。这样，根据不等式求极值的方法，三个子损失 l_1、l_2、l_3 可以得出取值均在 $[0,1]$ 之间，则三者的乘积的取值也在 $[0,1]$ 之间。因此，同时考虑 l_1、l_2、l_3 的方法就是将其相乘，得出最终的结构损失 SSIM：

$$L_2 = \frac{(2\mu_x \mu_{x'} + C_1)(2\sigma_{xx'} + C_2)}{(\mu_x^2 + \mu_y^2 + C_1)(\sigma_x^2 + \sigma_{x'}^2 + C_2)} \tag{10-26}$$

式中，两张图像越相似，L_2 越大，但其取值不超过 1，因此结构损失是一个归一化的损失，实际使用时为防止梯度消失问题，需要加权使用。

对比 MSELoss 和 SSIM 损失函数，可以看出其特征均为人工设计的，属于低维特征，可能存在一定的局限性。而神经网络作为学习图像特征的一种重要手段，能否使用神经网络结合其他的损失函数进行图像风格相似性的度量呢？这就是感知损失（LPIPS）的原理。

对于一个分类 2D 卷积神经网络，除全连接层外，每一层输出的尺寸均为 (w_{oi}, h_{oi}, c_{oi})，而对于相同尺寸的输入图像，由于尺寸相同并且每一层均满足 2D 卷积神经网络的尺寸计算公式，则相对应层的输出特征图尺寸也为 (w_{oi}, h_{oi}, c_{oi})，因此可以比较图像 A 与图像 B 在所有层输出的特征图的 MSELoss 或 SSIM，从而可得出图像风格损失。这一方法有效的原因是对于一个主要任务为图像分类的网络，或是针对图像目标检测的网络，又或者是一个生成器、判别器等，能完成对应的任务，说明其参数的调整是适应图像特征的。其工作过程都是完成一个图像到具体任务的映射，将图像从低维空间映射到较高维空间，并且提取图像中存在的低维和高维特征。若图像特征没有被提取，则对应的任务也就无法完成。

此外，对于每一卷积层，提取的特征也是不相同的，例如第一、二层卷积层，所提取的可能只是图像的低维特征，如边缘信息、亮度信息等。但后面几层卷积则提取的是图像的高维特征，如图像的结构等。因此，对每一层卷积后的输出特征图做 MSELoss 或 SSIM，则可以起到特征汇集的作用。

综上，可以写出 LPIPS 的损失表达式：

$$L_3 = \sum w_{i1} L_1 + w_{i2} L_2 \tag{10-27}$$

式中，w_{i1} 和 w_{i2} 表示的是两个权重，这是因为 MSELoss 和 SSIM 损失并不在同一范围内。MSELoss 的值域是 $[0, 255N]$，而 SSIM 的值域是 $[0,1]$，因此需要增加一定的权重以归一化损失。对于风格迁移问题，可能要求图像的风格类似，因此 SSIM 损失所占的权重会相对较高，而 MSELoss 的权重相对较低，因为 MSELoss 主要考虑的是像素层面上的差异。有时候甚至仅考虑两种损失的一种，或引入其他损失函数，如信噪比损失函数、汉明距离损失函数等，都是根据具体任务所确定的超参数。

通过引入多种图像相似度度量标准，即可求出对应的循环一致性损失 $L(F)$。但如果构建这种 Cycle-GAN 结构，则只能实现单向转换，以事件信息为例，单向转换即事件某种编码向某种图像之间的转换，而不能实现某种图像向事件信息的某种编码的转换。

10.1.4 Info-GAN 的对弈原理

与 Cycle-GAN 类似，Info-GAN 的主要任务是给定无监督或自监督的标签，从而稳定和约束 GAN 的训练。但 Cycle-GAN 主要是通过图像数据生成图像数据，Info-GAN 则主要是通过符合某一分布的噪声来生成数据。对原始的 GAN，其也是通过某一分布的噪声生成不同数据的，但是由于噪声只有一个分布，会造成模式崩溃的问题。

对于 Info-GAN，其主要原理是设法提取噪声中的有用信息，并将其拆分成两个部分输入网络，再还原回有用的信息，这样，也就避免了模式崩溃的问题。与 Cycle-GAN 类似， Info-GAN 能进行一对一的映射，提取有效信息，所以不容易出现模式崩溃的问题。其整体架构和损失传递如图 10-9 所示。

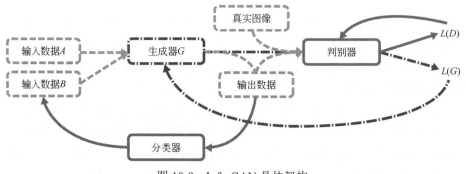

图 10-9　Info-GAN 具体架构

图 10-9 中，Info-GAN 将输入噪声分为了输入数据 A 和输入数据 B，其中 A 为噪声，B 为一种表示特征的隐函数。而 Info-GAN 和 Cycle-GAN 的第二个区别就是其输出数据反馈回输入数据不是通过一个生成器实现的，而是通过一个分类器实现的。但是这个分类器的权重是与判别器相同的，这是 Info-GAN

的精髓所在。

首先，分类器的任务是还原回输入数据 B，输出的是一个一维向量，而判别器的任务是判别输入的真假性，输出的是一个一维标量，但同时也可以看成是一个长度为 1 的向量。此外，分类器的输入是一张由生成器生成的图像，而判别器的输入则也是一张图像，且二者尺寸相同。这样，分类器与判别器的本质都是具有卷积、池化、全连接或全局池化的卷积神经网络，且输入的特征图维度相同，输出的均为向量。因此二者具有一定的输入输出相似性。

此外，分类器的任务是还原输出为输入数据的特征隐函数部分 B，其本质上控制了输出图像的特征，例如旋转、粗细等。如果输入数据 B 仅是一些噪声，则不会包含一些有用的特征，也就是对输出数据不产生明显的影响。如果输入数据 B 确实包含一些信息，则会对输出数据产生显著的影响。这时，如果输出数据可以通过一个分类器还原回输入数据，如果输入数据 B 只是一些噪声，那么分类器就无需训练即可还原回去，那么分类器的存在和输入数据 A、B 的划分也就无意义了，此时 Info-GAN 就退化成了普通的 GAN。因此，如果分类器需要训练才能还原回输入数据 B，则也就证明了输入数据 B 不仅是一些无意义的噪声，而是一些有意义的数值。对于判别器，也存在着如果输入数据生成的输出在训练后仍不包含任何信息，那么判别器就很容易能够判别出真实图像和生成器生成的图像了。因此分类器与判别器的原理实际上是相同的。

最后，根据任务相似和原理相同，可以将除最后一层全连接层的权重外，保持判别器与分类器其余层的权重相互共享，也就是保持二者权重在任意时刻完全相同。这样，也可以减少计算开支，降低计算成本，并且还能提高计算的效率和稳定性，一举多得。此外，可以定义输入数据 B 控制输出的程度称之为互信息。互信息越大，输入数据 B 控制输出的程度也就越强，Info-GAN 也就越有效。

但 Info-GAN 的缺点在于，输入数据必须仅是一些噪声向量，而非明确的图像，这也给 Info-GAN 在事件数据上的应用造成了一些麻烦，实际并不经常使用。对于事件数据，Cycle-GAN 和 cGAN 都经常被使用以提高普通 GAN 训练的稳定性。

10.2　事件图像的生成

事件相机与普通 RGB 相机不同，其公开数据集的数量较少，而 RGB 图像数据集则较为完善。因此，对于这个问题，一种思路是直接使用帧差法生成事件信息，但这种方法仅适用于时间分辨率较低的场合；另一种思路是使用生成对抗网络实现图像数据与事件中某种编码的互相转换。对于这一问题，可以使用 Cycle-GAN 架构直接实现。但是事件某种编码图像生成的目的是构建数据集，数据集的目的是训练其他神经网络以完成分类、目标检测等计算机视觉任务，而不是像风格迁移任务一样只需要生成其他风格的图像即可。

此外，如果仅使用图像数据生成事件数据，那么能不能通过某种事件编码生成图像数据呢？因为事件数据如果转换为图像数据，则可以使用现有的神经网络进行训练，从而获得更高的图像分类、目标检测等的准确率，相比于直接使用事件信息的优点更多。

因此，可以构建网络架构图如图 10-10 所示，本质上就相当于一个 Cycle-GAN。

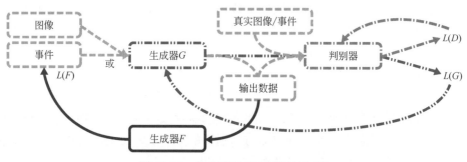

图 10-10　基于事件的生成对抗网络

但是与一般 Cycle-GAN 不同，为了实现事件信息与图像信息的互相转换，采用了一种权值共享的 Cycle-GAN。当训练事件转换为图像信息时，输入生成器 G 的信息为某种合适的事件编码，而输出则为图像信息。如果是训练图像信息转换为某种事件信息，则左侧生成器 G 的输入信息为图像信息，但是此时考虑到事件编码和图像特征都需要提取。因此可以考虑从图像转换到事件所输入的生成器 G 的权重与事件转换到图像的生成器 G 的权重相同。同理，对于生成器 F，也可以让训练事件信息转换为图像信息时，与训练图像和事件信息的相互转换时的权重相同。对于判别器，其权重也可以保持一致。这样子不仅可以提取到事件和图像的共同特征，也可以节省算力和运算时间。

输入生成对抗网络的事件信息需要满足一些编码的规定，从而加速训练而不造成冗余性。主要可以采用的编码方式有点云式编码、CountImage 编码、局部 CountImage 编码、TimeImage 编码等。

点云式编码与其他可以输入生成对抗网络的编码不同，其输入网络的尺寸为 $(N,4)$，不是一个形状较为均匀的矩阵。因此在训练点云式事件编码到图像的转换时，一般不采用 Cycle-GAN 架构，而采用普通 GAN 或 Info-GAN 等架构。这是因为这些架构的生成器均可以由反卷积模块拼接而成，不需要进行卷积或池化。因此对于形状为 $(N,4)$，较为狭长的点云式编码事件，与普通 GAN 输入的形状为 $(z,1)$ 的一维较长噪声向量相似。而且点云式编码输入相对于直接输入噪声的优点在于保留了完整的事件信息，是一个含有特征的编码方式，而非仅含有一定分布的噪声。

对于 CountImage 编码、TimeImage 编码等事件编码方式，其主要存在形式与一般图像类似，可以表达为一个尺寸为 (w,h,c) 的三维张量，因此可以直接输入 Cycle-GAN 中进行训练。在某些条件下，同时收集灰度数据和事件信息是可能的，例如使用 DAVIS 事件相机收集的事件在某种程度上可以对应灰度图像数据。因此在条件允许时，仍采用监督学习对事件编码-图像对进行训练，而非直接使用自监督的 Cycle-GAN 进行训练。

至于张量式编码为何不用于生成对抗网络，主要原因在于张量式编码的稀疏特性。与局部 CountImage 不同，张量式编码保留了所有事件点的时间戳信息，因此是一个稀疏矩阵。而生成对抗网络，包括一般的 2D 卷积/3D 卷积，均较难提取一个稀疏张量内的信息。因此，张量式编码较少用于生成对抗网络。

10.3　思考与练习

1．如何确定反卷积的 Padding 数 β？
2．模式崩溃的原因是什么？如何进行避免？
3．GAN 的对弈原理是什么？从何处启发而得来？
4．常见的 Cycle-GAN 损失函数都有哪些？
5．在常见的 GAN 变体中，属于监督学习的有哪些？为什么？

参 考 文 献

[1] Hallinan P W. Recognizing Human Eyes[J]. Geometric Methods in Computer Vision, 1991, 1570: 214-226.

[2] Quigley H A, Dunkelberger G R, Green W R. Retinal Ganglion Cell Atrophy Correlated with Automated Perimetry in Human Eyes with Glaucoma[J]. American Journal of Ophthalmology, 1989, 107(5): 453-464.

[3] Ellis R C. An Overview of Frac Packs: A Technical Revolution (Evolution) Process[J]. Journal of Petroleum Technology, 1998, 50(01): 66-68.

[4] Shaffer J, Ederington B. Military Technical Revolution: A Structural Framework. Final report[J]. Osti.Gov, 1993.

[5] Minsky M. Theory of Neural-Analog Reinforcement Systems and Its Application to the Brain-Model Problem[D]. MIT, Cambridge, 1954.

[6] Forsyth D A, Ponce J. Computer Vision: A Modern Approach[M]. 2edition. Prentice Halt, Upper Saddle River, 2012.

[7] Yildirim M, Kacar F. Adapting Laplacian Based Filtering in Digital Image Processing to A Retina-inspired Analog Image Processing Circuit[J]. Analog Integrated Circuits and Signal Processing, 2019, 100(3): 537-545.

[8] Ward G. Real Pixels[J]. Graphics Gems II, 1991, 2: 80-83.

[9] Kumar T, Verma K. A Theory Based on Conversion of RGB image to Gray image[J]. International Journal of Computer Applications, 2010, 7(2): 7-10.

[10] Krig S. Computer Vision Metrics: Survey, Taxonomy, and Analysis[M]. Springer, Berlin, 2014.

[11] Pollefeys M, Van Gool L, Vergauwen M, et al. Visual Modeling with A Hand-Held Camera[J]. International Journal of Computer Vision, 2004, 59(3): 207-232.

[12] Langmann B, Hartmann K, Loffeld O. Depth Camera Technology Comparison and Performance Evaluation[C]//ICPRAM (2). 2012: 438-444.

[13] Gallego G, Delbruck T, Orchard G, et al. Event-Based Vision: A Survey[J]. ArXiv Preprint ArXiv:1904.08405, 2019.

[14] Mueggler E, Rebecq H, Gallego G, et al. The Event-Camera Dataset and Simulator: Event-Based Data for Pose Estimation, Visual Odometry, and SLAM[J]. The International Journal of Robotics Research, 2017, 36(2): 142-149.

[15] Presmeg N C. Visualisation in High School Mathematics[J]. For the Learning of Mathematics, 1986, 6(3): 42-46.

[16] Khalil R, Al Horani M, Yousef A, et al. A New Definition of Fractional Derivative[J]. Journal of Computational and Applied Mathematics, 2014, 264: 65-70.

[17] Nesterov Y. Gradient Methods for Minimizing Composite Functions[J]. Mathematical Programming, 2013, 140(1): 125-161.

[18] Shin C, Yoon K, Marfurt K J, et al. Efficient Calculation of A Partial-Derivative Wavefield Using Reciprocity for Seismic Imaging and Inversion[J]. Geophysics, 2001, 66(6): 1856-1863.

[19] He J H, Elagan S K, Li Z B. Geometrical Explanation of The Fractional Complex Transform and Derivative Chain Rule for Fractional Calculus[J]. Physics Letters A, 2012, 376(4): 257-259.

[20] Rybicki E F, Kanninen M F. A Finite Element Calculation of Stress Intensity Factors by a Modified Crack Closure Integral[J]. Engineering Fracture Mechanics, 1977, 9(4): 931-938.

[21] Haber S. Two Formulas for Numerical Indefinite Integration[J]. Mathematics of Computation, 1993, 60(201): 279-296.

[22] Tatar E, Zengin Y. Conceptual Understanding of Definite Integral with Geogebra[J]. Computers in the Schools, 2016, 33(2): 120-132.

[23] Izhikevich E M. Simple Model of Spiking Neurons[J]. IEEE Transactions on Neural Networks, 2003, 14(6): 1569-1572.

[24] Giuliani F, Goodyer C G, Antel J P, et al. Vulnerability of Human Neurons to T Cell-Mediated Cytotoxicity[J]. The Journal of Immunology, 2003, 171(1): 368-379.

[25] Huttenlocher P R. Synapse Elimination and Plasticity in Developing Human Cerebral Cortex[J]. American Journal of Mental Deficiency, 1984.

[26] Curran O E, Qiu Z, Smith C, et al. A Single-Synapse Resolution Survey of PSD95-Positive Synapses in Twenty Human Brain Regions[J]. European Journal of Neuroscience, 2020.

[27] Leshno M, Lin V Y, Pinkus A, et al. Multilayer Feedforward Networks with a Nonpolynomial Activation Function can Approximate Any Function[J]. Neural Networks, 1993, 6(6): 861-867.

[28] Li Y, Yuan Y. Convergence Analysis of Two-Layer Neural Networks with Relu Activation[J]. ArXiv Preprint ArXiv:1705.09886, 2017.

[29] Zheng H, Yang Z, Liu W, et al. Improving Deep Neural Networks Using Softplus Units[C]//2015 International Joint Conference on Neural Networks (IJCNN). IEEE, 2015: 1-4.

[30] Zhao H, Liu F, Li L, et al. A Novel Softplus Linear Unit for Deep Convolutional Neural Networks[J]. Applied Intelligence, 2018, 48(7): 1707-1720.

[31] Mandic D P. A Generalized Normalized Gradient Descent Algorithm[J]. IEEE Signal Processing Letters, 2004, 11(2): 115-118.

[32] Jameson A. Gradient Based Optimization Methods[J]. MAE Technical Report No, 1995.

[33] Gardner M W, Dorling S R. Artificial Neural Networks (the Multilayer Perceptron)—A Review of Applications in the Atmospheric Sciences[J]. Atmospheric Environment, 1998, 32(14-15): 2627-2636.

[34] Noriega L. Multilayer Perceptron Tutorial[J]. School of Computing. Staffordshire University, 2005.

[35] Zhang C L, Luo J H, Wei X S, et al. In Defense of Fully Connected Layers in Visual Representation Transfer [C]//Pacific Rim Conference on Multimedia. Springer, Cham, 2017: 807-817.

[36] Sainath T N, Vinyals O, Senior A, et al. Convolutional, Long Short-Term Memory, Fully Connected Deep Neural Networks[C]//2015 IEEE International Conference on Acoustics, Speech and Signal Processing (ICASSP). IEEE, 2015: 4580-4584.

[37] Jagerman D L. Some Properties of the Erlang Loss Function[J]. Bell System Technical Journal, 1974, 53(3): 525-551.

[38] Kamal U, Tonmoy T I, Das S, et al. Automatic Traffic Sign Detection and Recognition Using SegU-Net and A Modified Tversky Loss Function with L1-Constraint[J]. IEEE Transactions on Intelligent Transportation Systems, 2019, 21(4): 1467-1479.

[39] Christoffersen P, Jacobs K. The Importance of the Loss Function in Option Valuation[J]. Journal of Financial Economics, 2004, 72(2): 291-318.

[40] Zhang Z, Sabuncu M R. Generalized Cross Entropy Loss for Training Deep Neural Networks with Noisy Labels[J]. ArXiv Preprint ArXiv:1805.07836, 2018.

[41] Martinez M, Stiefelhagen R. Taming the Cross Entropy Loss[C]//German Conference on Pattern Recognition. Springer, Cham, 2018: 628-637.

[42] Leung H, Haykin S. The Complex Backpropagation Algorithm[J]. IEEE Transactions on Signal Processing, 1991, 39(9): 2101-2104.

[43] Yu X, Efe M O, Kaynak O. A General Backpropagation Algorithm for Feedforward Neural Networks Learning[J]. IEEE Transactions on Neural Networks, 2002, 13(1): 251-254.

[44] Abid S, Fnaiech F, Najim M. A Fast Feedforward Training Algorithm Using A Modified Form of the Standard Backpropagation Algorithm[J]. IEEE Transactions on Neural Networks, 2001, 12(2): 424-430.

[45] Bock S, Wei M. A Proof of Local Convergence for the Adam Optimizer[C]// 2019 International Joint Conference on Neural Networks (IJCNN). IEEE, 2019: 1-8.

[46] Zhang Z. Improved Adam Optimizer for Deep Neural Networks[C]//2018 IEEE/ACM 26th International Symposium on Quality of Service (IWQoS). IEEE, 2018: 1-2.

[47] Mukkamala M C, Hein M. Variants of Rmsprop and Adagrad with Logarithmic Regret Bounds[C]// International Conference on Machine Learning. PMLR, 2017: 2545-2553.

[48] Leñero-Bardallo J A, Serrano-Gotarredona T, Linares-Barranco B. A 3.6μ s Latency Asynchronous Frame-Free Event-Driven Dynamic-Vision- Sensor [J]. IEEE Journal of Solid-State Circuits, 2011, 46(6): 1443-1455.

[49] Yang M, Liu S C, Delbruck T. A Dynamic Vision Sensor with 1% Temporal Contrast Sensitivity and In-Pixel Asynchronous Delta Modulator for Event Encoding[J]. IEEE Journal of Solid-State Circuits, 2015, 50(9): 2149-2160.

[50] Almatrafi M, Hirakawa K. Davis Camera Optical Flow[J]. IEEE Transactions on Computational Imaging, 2019, 6: 396-407.

[51] Zoltowski B D, Schwerdtfeger C, Widom J, et al. Conformational Switching in the Fungal Light Sensor Vivid[J]. Science, 2007, 316(5827): 1054-1057.

[52] Brunner F D, Heemels W, Allgöwer F. Robust Event-Triggered MPC with Guaranteed Asymptotic Bound and Average Sampling Rate[J]. IEEE Transactions on Automatic Control, 2017, 62(11): 5694-5709.

[53] Meng J, Li H, Han Z. Sparse Event Detection in Wireless Sensor Networks Using Compressive Sensing[C]//2009 43rd Annual Conference on Information Sciences and Systems. IEEE, 2009: 181-185.

[54] Seetzen H, Heidrich W, Stuerzlinger W, et al. High Dynamic Range Display Systems[M]//ACM SIGGRAPH 2004 Papers. 2004: 760-768.

[55] Xue-you L I. Principle and Application of IMU/DGPS-Based Photogrammetry[J]. Science of Surveying and Mapping, 2005: 5.

[56] Padfield G D. Helicopter flight dynamics[M]. John Wiley & Sons, Chichester, UK, 2008.

[57] Zhang Z. A Flexible New Technique for Camera Calibration[J]. IEEE Transactions on Pattern Analysis and Machine Intelligence, 2000, 22(11): 1330-1334.

[58] Remondino F, Fraser C. Digital Camera Calibration Methods: Considerations and Comparisons[J]. International Archives of the Photogrammetry, Remote Sensing and Spatial Information Sciences, 2006, 36(5): 266-272.

[59] Duane C B. Close-Range Camera Calibration[J]. Photogramm. Eng, 1971, 37(8): 855-866.

[60] Roy R, Craig J. Fundamentals of Structural Dynamics[M]. John Wiley & Sons, New York, 2006.

[61] Posch C, Matolin D, Wohlgenannt R, et al. Live Demonstration: Asynchronous Time-Based Image Sensor (Atis) Camera with Full-Custom ae Processor[C]//Proceedings of 2010 IEEE International Symposium on Circuits and Systems. IEEE, 2010: 1392-1392.

[62] Tedaldi D, Gallego G, Mueggler E, et al. Feature Detection and Tracking with the Dynamic and Active-Pixel Vision Sensor (DAVIS)[C]//2016 Second International Conference on Event-based Control, Communication, and Signal Processing (EBCCSP). IEEE, 2016: 1-7.

[63] Li C, Brandli C, Berner R, et al. Design of An RGBW Color VGA Rolling and Global Shutter Dynamic and Active-Pixel Vision Sensor[C]//2015 IEEE International Symposium on Circuits and Systems (ISCAS). IEEE, 2015: 718-721.

[64] Xu J, Jiang M, Yu L, et al. Robust Motion Compensation for Event Cameras with Smooth Constraint[J]. IEEE Transactions on Computational Imaging, 2020, 6: 604-614.

[65] Jiang R, Mou X, Shi S, et al. Object Tracking on Event Cameras with Offline- Online Learning[J]. CAAI Transactions on Intelligence Technology, 2020, 5(3): 165-171.

[66] Scheerlinck C, Rebecq H, Gehrig D, et al. Fast Image Reconstruction with An Event Camera[C]//Proceedings of the IEEE/CVF Winter Conference on Applications of Computer Vision. 2020: 156-163.

[67] Woo H, Kang E, Wang S, et al. A New Segmentation Method for Point Cloud Data[J]. International Journal of Machine Tools and Manufacture, 2002, 42(2): 167-178.

[68] Kammerl J, Blodow N, Rusu R B, et al. Real-Time Compression of Point Cloud Streams[C]//2012 IEEE International Conference on Robotics and Automation. IEEE, 2012: 778-785.

[69] Van Blokland B I, Theoharis T. Radial Intersection Count Image: A Clutter Resistant 3D Shape Descriptor[J]. Computers & Graphics, 2020, 91: 118-128.

[70] Wang T, Lei Y, Fu Y, et al. Machine Learning in Quantitative PET: A Review of Attenuation Correction and Low-Count Image Reconstruction Methods[J]. Physica Medica, 2020, 76: 294-306.

[71] Qi C R, Su H, Mo K, et al. Pointnet: Deep Learning on Point Sets for 3d Classification and Segmentation[C]// Proceedings of the IEEE Conference on Computer Vision and Pattern Recognition. 2017: 652-660.

[72] Wu H, Liu X Y, Fu L, et al. Energy-Efficient and Robust Tensor-Encoder for Wireless Camera Networks in Internet of Things[J]. IEEE Transactions on Network Science and Engineering, 2018, 6(4): 646-656.

[73] Deleuze G. Cinema II: the Time-Image[M]. Bloomsbury Publishing, . London, 2013.

[74] Loui A C, Savakis A E. Automatic Image Event Segmentation and Quality Screening for Albuming Applications[C]//2000 IEEE International Conference on Multimedia and Expo. ICME2000. Proceedings. Latest Advances in the Fast Changing World of Multimedia (Cat. No. 00TH8532). IEEE, 2000, 2: 1125-1128.

[75] Ratter A, Sammut C, McGill M. GPU Accelerated Graph SLAM and Occupancy Voxel Based ICP for Encoder-Free Mobile Robots[C]//2013 IEEE/RSJ International Conference on Intelligent Robots and Systems. IEEE, 2013: 540-547.

[76] Shi S, Guo C, Jiang L, et al. Pv-rcnn: Point-Voxel Feature Set Abstraction for 3d Object Detection[C]// Proceedings of the IEEE/CVF Conference on Computer Vision and Pattern Recognition. 2020: 10529-10538.

[77] Zhu J, Popovics J. Non-Contact Detection of Surface Waves in Concrete Using An Air-Coupled sensor[C]//AIP Conference Proceedings. American Institute of Physics, 2002, 615(1): 1261-1268.

[78] Rhodes W T. Acousto-optic Signal Processing: Convolution and Correlation[J]. Proceedings of the IEEE, 1981, 69(1): 65-79.

[79] Burrus C S, Parks T W. Convolution Algorithms[M]. John Wiley and Sons, New York, 1985.

[80] Liu S, Wang Q, Liu G. A Versatile Method of Discrete Convolution and FFT (DC-FFT) for Contact Analyses[J]. Wear, 2000, 243(1-2): 101-111.

[81] Liu G, Shih K J, Wang T C, et al. Partial Convolution Based Padding[J]. ArXiv Preprint ArXiv:1811.11718, 2018.

[82] Qiu L, Wu X, Yu Z. A High-Efficiency Fully Convolutional Networks for Pixel-Wise Surface Defect Detection[J]. IEEE Access, 2019, 7: 15884-15893.

[83] Holobar A, Zazula D. Multichannel Blind Source Separation Using Convolution Kernel Compensation[J]. IEEE Transactions on Signal Processing, 2007, 55(9): 4487-4496.

[84] Paszke A, Gross S, Massa F, et al. Pytorch: An Imperative Style, High-Performance Deep Learning Library[J]. ArXiv Preprint ArXiv:1912.01703, 2019.

[85] Lo S C B, Chan H P, Lin J S, et al. Artificial Convolution Neural Network for Medical Image Pattern Recognition[J]. Neural Networks, 1995, 8(7-8): 1201-1214.

[86] Albawi S, Mohammed T A, Al-Zawi S. Understanding of A Convolutional Neural Network[C]//2017 International Conference on Engineering and Technology (ICET). Ieee, 2017: 1-6.

[87] Qian Z, Hayes T L, Kafle K, et al. Do We Need Fully Connected Output Layers in Convolutional Networks? [J]. ArXiv Preprint ArXiv:2004.13587, 2020.

[88] Graham B. Fractional max-pooling[J]. ArXiv Preprint ArXiv:1412.6071, 2014.

[89] Schmidtmann G, Kennedy G J, Orbach H S, et al. Non-Linear Global Pooling in the Discrimination of Circular and Non-Circular Shapes[J]. Vision Research, 2012, 62: 44-56.

[90] Zhang B, Zhao Q, Feng W, et al. AlphaMEX: A Smarter Global Pooling Method for Convolutional Neural Networks[J]. Neurocomputing, 2018, 321: 36-48.

[91] Li Z, Wang S H, Fan R R, et al. Teeth Category Classification via Seven-Layer Deep Convolutional Neural Network with Max Pooling and Global Average Pooling[J]. International Journal of Imaging Systems and Technology, 2019, 29(4): 577-583.

[92] Buda M, Maki A, Mazurowski M A. A Systematic Study of the Class Imbalance Problem in Convolutional Neural Networks[J]. Neural Networks, 2018, 106: 249-259.

[93] Lagae A, Lefebvre S, Drettakis G, et al. Procedural Noise Using Sparse Gabor Convolution[J]. ACM Transactions on Graphics (TOG), 2009, 28(3): 1-10.

[94] Liu C, Furukawa Y. Masc: Multi-Scale Affinity with Sparse Convolution for 3d Instance Segmentation[J]. ArXiv Preprint ArXiv:1902.04478, 2019.

[95] Hackbusch W, Kress W, Sauter S A. Sparse Convolution Quadrature for Time Domain Boundary Integral Formulations of the Wave Equation[J]. IMA Journal of Numerical Analysis, 2009, 29(1): 158-179.

[96] Tang H, Liu Z, Zhao S, et al. Searching Efficient 3d Architectures with Sparse Point-Voxel Convolution[C]// European Conference on Computer Vision. Springer, Cham, 2020: 685-702.

[97] Liu B, Wang M, Foroosh H, et al. Sparse Convolutional Neural Networks[C]// Proceedings of the IEEE Conference on Computer Vision and Pattern Recognition. 2015: 806-814.

[98] Ren M, Pokrovsky A, Yang B, et al. Sbnet: Sparse Blocks Network for Fast Inference[C]//Proceedings of the IEEE Conference on Computer Vision and Pattern Recognition. 2018: 8711-8720.

[99] Hackbusch W, Kress W, Sauter S A. Sparse Convolution Quadrature for Time Domain Boundary Integral Formulations of the Wave Equation by Cutoff and Panel-Clustering[C]//Boundary element analysis. Springer, Berlin, Heidelberg, 2007: 113-134.

[100] Wang L, Fan X, Chen J, et al. 3d Object Detection Based on Sparse Convolution Neural Network and Feature Fusion for Autonomous Driving in Smart Cities[J]. Sustainable Cities and Society, 2020, 54: 102002.

[101] Frickenstein A, Rohit Vemparala M, Unger C, et al. DSC: Dense-Sparse Convolution for Vectorized Inference

of Convolutional Neural Networks[C]// Proceedings of the IEEE/CVF Conference on Computer Vision and Pattern Recognition Workshops. 2019: 0-0.

[102] Park J, Li S, Wen W, et al. Faster Cnns with Direct Sparse Convolutions and Guided Pruning[J]. ArXiv Preprint ArXiv:1608.01409, 2016.

[103] Lu C, Jayaraman B, Whitman J, et al. Sparse Convolution-Based Markov Models for Nonlinear Fluid Flows[J]. ArXiv Preprint ArXiv:1803.08222, 2018.

[104] Zhang J, Zhao H, Yao A, et al. Efficient Semantic Scene Completion Network with Spatial Group Convolution[C]//Proceedings of the European Conference on Computer Vision (ECCV). 2018: 733-749.

[105] Chan S H. Constructing A Sparse Convolution Matrix for Shift Varying Image Restoration Problems[C]//2010 IEEE International Conference on Image Processing. IEEE, 2010: 3601-3604.

[106] Ding Y, Zhang X, Tang J. A Noisy Sparse Convolution Neural Network Based on Stacked Auto-Encoders[C]//2017 IEEE International Conference on Systems, Man, and Cybernetics (SMC). IEEE, 2017: 3457-3461.

[107] Graham B, Van Der Maaten L. Submanifold Sparse Convolutional Networks[J]. ArXiv Preprint ArXiv:1706.01307, 2017.

[108] Graham B, Engelcke M, Van Der Maaten L. 3d Semantic Segmentation with Submanifold Sparse Convolutional Networks[C]//Proceedings of the IEEE Conference on Computer Vision and Pattern Recognition. 2018: 9224-9232.

[109] Nguyen T, Grishman R. Graph Convolutional Networks with Argument-Aware Pooling for Event Detection[C]//Proceedings of the AAAI Conference on Artificial Intelligence. 2018, 32(1).

[110] Peng H, Li J, Gong Q, et al. Fine-Grained Event Categorization with Heterogeneous Graph Convolutional Networks[J]. ArXiv Preprint ArXiv:1906.04580, 2019.

[111] Balali A, Asadpour M, Campos R, et al. Joint Event Extraction Along Shortest Dependency Paths Using Graph Convolutional Networks[J]. Knowledge- Based Systems, 2020, 210: 106492.

[112] Bian T, Xiao X, Xu T, et al. Rumor Detection on Social Media with Bi-Directional Graph Convolutional Networks[C]//Proceedings of the AAAI Conference on Artificial Intelligence. 2020, 34(01): 549-556.

[113] Zhang S, Tong H, Xu J, et al. Graph Convolutional Networks: A Comprehensive Review[J]. Computational Social Networks, 2019, 6(1): 1-23.

[114] Liu B, Zhang T, Niu D, et al. Matching Long Text Documents via Graph Convolutional Networks[J]. ArXiv Preprint ArXiv:1802.07459, 2018: 2793-2799.

[115] Li C, Goldwasser D. Encoding Social Information with Graph Convolutional Networks Forpolitical Perspective Detection in News Media[C]//Proceedings of the 57th Annual Meeting of the Association for Computational Linguistics. 2019: 2594-2604.

[116] Huang D, Chen P, Zeng R, et al. Location-Aware Graph Convolutional Networks for Video Question

Answering[C]//Proceedings of the AAAI Conference on Artificial Intelligence. 2020, 34(07): 11021-11028.

[117] Zeng R, Huang W, Tan M, et al. Graph Convolutional Networks for Temporal Action Localization[C]// Proceedings of the IEEE/CVF International Conference on Computer Vision. 2019: 7094-7103.

[118] Cui S, Yu B, Liu T, et al. Event Detection with Relation-Aware Graph Convolutional Neural Networks[J]. ArXiv Preprint ArXiv:2002.10757, 2020.

[119] Rahimi A, Cohn T, Baldwin T. Semi-Supervised User Geolocation via Graph Convolutional Networks[J]. ArXiv Preprint ArXiv:1804.08049, 2018.

[120] Wang X, Zhu M, Bo D, et al. Am-gcn: Adaptive Multi-Channel Graph Convolutional Networks[C]//Proceedings of the 26th ACM SIGKDD International Conference on Knowledge Discovery & Data Mining. 2020: 1243-1253.

[121] Wang H W, Peng Z R, Wang D, et al. Evaluation and Prediction of Transportation Resilience Under Extreme Weather Events: A Diffusion Graph Convolutional Approach[J]. Transportation Research Part C: Emerging Technologies, 2020, 115: 102619.

[122] Wang J, Hu J, Qian S, et al. Multimodal Graph Convolutional Networks for High Quality Content Recognition[J]. Neurocomputing, 2020, 412: 42-51.

[123] Pareja A, Domeniconi G, Chen J, et al. Evolvegcn: Evolving Graph Convolutional Networks for Dynamic Graphs[C]//Proceedings of the AAAI Conference on Artificial Intelligence. 2020, 34(04): 5363-5370.

[124] Zhang J, He Q, Zhang Y. Syntax Grounded Graph Convolutional Network for Joint Entity and Event Extraction[J]. Neurocomputing, 2021, 422: 118-128.

[125] Chen H, Yin H, Sun X, et al. Multi-Level Graph Convolutional Networks for Cross-Platform Anchor Link Prediction[C]//Proceedings of the 26th ACM SIGKDD International Conference on Knowledge Discovery & Data Mining. 2020: 1503-1511.

[126] Chereda H, Bleckmann A, Kramer F, et al. Utilizing Molecular Network Information via Graph Convolutional Neural Networks to Predict Metastatic Event in Breast Cancer[C]//GMDS. 2019: 181-186.

[127] Jin W, Derr T, Wang Y, et al. Node Similarity Preserving Graph Convolutional Networks[C]//Proceedings of the 14th ACM International Conference on Web Search and Data Mining. 2021: 148-156.

[128] Nie W Z, Li W H, Liu A A, et al. 3D Convolutional Networks-Based Mitotic Event Detection in Time-Lapse Phase Contrast Microscopy Image Sequences of Stem Cell Populations[C]//Proceedings of the IEEE Conference on Computer Vision and Pattern Recognition Workshops. 2016: 55-62.

[129] Liu T, Lu Y, Lei X, et al. Soccer Video Event Detection Using 3d Convolutional Networks and Shot Boundary Detection via Deep Feature Distance[C]//International Conference on Neural Information Processing. Springer, Cham, 2017: 440-449.

[130] Adavanne S, Politis A, Virtanen T. Multichannel Sound Event Detection Using 3D Convolutional Neural Networks for Learning Inter-Channel Features[C]//2018 International Joint Conference on Neural Networks (IJCNN). IEEE, 2018: 1-7.

[131] Abbasnejad I, Sridharan S, Nguyen D, et al. Using Synthetic Data to Improve Facial Expression Analysis with 3d Convolutional Networks[C]//Proceedings of the IEEE International Conference on Computer Vision Workshops. 2017: 1609-1618.

[132] Tuan T X, Phuong T M. 3D Convolutional Networks for Session-Based Recommendation with Content Features[C]//Proceedings of the Eleventh ACM Conference on Recommender Systems. 2017: 138-146.

[133] Ullah A, Muhammad K, Hussain T, et al. Event-Oriented 3d Convolutional Features Selection and Hash Codes Generation Using Pca for Video Retrieval[J]. IEEE Access, 2020, 8: 196529-196540.

[134] Tran D, Bourdev L, Fergus R, et al. Learning Spatiotemporal Features with 3d Convolutional Networks[C]//Proceedings of the IEEE International Conference on Computer Vision. 2015: 4489-4497.

[135] Rongved O A N, Hicks S A, Thambawita V, et al. Real-Time Detection of Events in Soccer Videos Using 3D Convolutional Neural Networks[C]//2020 IEEE International Symposium on Multimedia (ISM). IEEE, 2020: 135-144.

[136] Wang A, Steinfeld A. Group Split and Merge Prediction With 3D Convolutional Networks[J]. IEEE Robotics and Automation Letters, 2020, 5(2): 1923-1930.

[137] Fiorito A M, Østvik A, Smistad E, et al. Detection of Cardiac Events in Echocardiography Using 3D Convolutional Recurrent Neural Networks[C]// 2018 IEEE International Ultrasonics Symposium (IUS). IEEE, 2018: 1-4.

[138] Bansal A, Vo M, Sheikh Y, et al. 4d Visualization of Dynamic Events from Unconstrained multi-View Videos[C]//Proceedings of the IEEE/CVF Conference on Computer Vision and Pattern Recognition. 2020: 5366-5375.

[139] Choy C, Gwak J Y, Savarese S. 4d Spatio-Temporal Convnets: Minkowski Convolutional Neural Networks [C]//Proceedings of the IEEE/CVF Conference on Computer Vision and Pattern Recognition. 2019: 3075-3084.

[140] Neil D, Pfeiffer M, Liu S C. Phased lstm: Accelerating Recurrent Network Training for Long or Event-Based Sequences[J]. ArXiv Preprint ArXiv:1610.09513, 2016.

[141] Cortez B, Carrera B, Kim Y J, et al. An Architecture for Emergency Event Prediction Using LSTM Recurrent Neural Networks[J]. Expert Systems with Applications, 2018, 97: 315-324.

[142] Fernando T, Denman S, Sridharan S, et al. Soft+Hardwired Attention: An LSTM Framework for Human Trajectory Prediction and Abnormal Event Detection[J]. Neural networks, 2018, 108: 466-478.

[143] Li D, Huang L, Ji H, et al. Biomedical Event Extraction Based on Knowledge-Driven Tree-LSTM[C]// Proceedings of the 2019 Conference of the North American Chapter of the Association for Computational Linguistics: Human Language Technologies, Volume 1 (Long and Short Papers). 2019: 1421-1430.

[144] Hayashi T, Watanabe S, Toda T, et al. Duration-Controlled LSTM for Polyphonic Sound Event Detection[J]. IEEE/ACM Transactions on Audio, Speech, and Language Processing, 2017, 25(11): 2059-2070.

[145] Li Q, Tan J, Wang J, et al. A Multimodal Event-Driven LSTM Model for Stock Prediction Using Online News[J]. IEEE Transactions on Knowledge and Data Engineering, 2020.

[146] Feng Q, Gao C, Wang L, et al. Spatio-Temporal Fall Event Detection in Complex Scenes Using Attention Guided LSTM[J]. Pattern Recognition Letters, 2020, 130: 242-249.

[147] Hayashi T, Watanabe S, Toda T, et al. Bidirectional LSTM-HMM Hybrid System for Polyphonic Sound Event Detection[C]//Proceedings of the Detection and Classification of Acoustic Scenes and Events 2016 Workshop (DCASE2016). 2016: 35-39.

[148] Nguyen A, Do T T, Caldwell D G, et al. Real-Time 6DOF Pose Relocalization for Event Cameras with Stacked Spatial LSTM Networks[C]//Proceedings of the IEEE/CVF Conference on Computer Vision and Pattern Recognition Workshops. 2019.

[149] Kim S, Hong S, Joh M, et al. Deeprain: Convlstm Network for Precipitation Prediction Using Multichannel Radar Data[J]. arXiv preprint arXiv: 1711. 02316, 2017.

[150] Azad R, Asadi-Aghbolaghi M, Fathy M, et al. Bi-Directional Convlstm u-Net with Densley Connected Convolutions[C]//Proceedings of the IEEE/CVF International Conference on Computer Vision Workshops. 2019.

[151] Backes M, Butter A, Plehn T, et al. How to GAN Event Unweighting[J]. ArXiv Preprint ArXiv:2012.07873, 2020.

[152] Yi X, Walia E, Babyn P. Generative Adversarial Network in Medical Imaging: A Review[J]. Medical Image Analysis, 2019, 58: 101552.

[153] Zhao J, Mathieu M, LeCun Y. Energy-Based Generative Adversarial Network[J]. ArXiv Preprint ArXiv:1609.03126, 2016.

[154] Pascual S, Bonafonte A, Serra J. SEGAN: Speech Enhancement Generative Adversarial Network[J]. ArXiv Preprint ArXiv:1703.09452, 2017.

[155] Zhang H, Sindagi V, Patel V M. Image de-Raining Using a Conditional Generative Adversarial Network[J]. IEEE Transactions on Circuits and Systems for Video Technology, 2019, 30(11): 3943-3956.

[156] Ledig C, Theis L, Huszár F, et al. Photo-Realistic Single Image Super-Resolution Using a Generative Adversarial Network[C]//Proceedings of the IEEE Conference on Computer Vision and Pattern Recognition. 2017: 4681-4690.

[157] Antoniou A, Storkey A, Edwards H. Data Augmentation Generative Adversarial Networks[J]. ArXiv Preprint ArXiv:1711.04340, 2017.

[158] Tang W, Tan S, Li B, et al. Automatic Steganographic Distortion Learning Using A Generative Adversarial Network[J]. IEEE Signal Processing Letters, 2017, 24(10): 1547-1551.

[159] Creswell A, Bharath A A. Inverting the Generator of A Generative Adversarial Network[J]. IEEE Transactions on Neural Networks and Learning Systems, 2018, 30(7): 1967-1974.

[160] Gan Z, Chen L, Wang W, et al. Triangle Generative Adversarial Networks[J]. ArXiv Preprint ArXiv: 1709.06548, 2017.

[161] Chen J, Chen J, Chao H, et al. Image Blind Denoising with Generative Adversarial Network Based noise Modeling[C]//Proceedings of the IEEE Conference on Computer Vision and Pattern Recognition. 2018: 3155-3164.

[162] Li R, Pan J, Li Z, et al. Single Image Dehazing via Conditional Generative Adversarial Network[C]// Proceedings of the IEEE Conference on Computer Vision and Pattern Recognition. 2018: 8202-8211.

[163] Tao C, Chen L, Henao R, et al. Chi-Square Generative Adversarial Network[C]// International Conference on Machine Learning. PMLR, 2018: 4887-4896.

[164] Kleinschmidt A, Thilo K V, Büchel C, et al. Neural Correlates of Visual-Motion Perception as Object-or Self-Motion[J]. Neuroimage, 2002, 16(4): 873-882.

[165] Dokka K, MacNeilage P R, DeAngelis G C, et al. Multisensory Self-Motion Compensation During Object Trajectory Judgments[J]. Cerebral Cortex, 2015, 25(3): 619-630.

[166] Khan K, Rehman S U, Aziz K, et al. DBSCAN: Past, Present and Future[C]// The fifth International Conference on the Applications of Digital Information and Web Technologies (ICADIWT 2014). IEEE, 2014: 232-238.

[167] Sharmin N, Brad R. Optimal Filter Estimation for Lucas-Kanade Optical Flow[J]. Sensors, 2012, 12(9): 12694-12709.

[168] Plyer A, Le Besnerais G, Champagnat F. Massively Parallel Lucas Kanade Optical Flow for real-time video processing applications[J]. Journal of Real-Time Image Processing, 2016, 11(4): 713-730.

[169] Kraichnan R H. Diffusion by A Random Velocity Field[J]. The Physics of Fluids, 1970, 13(1): 22-31.

[170] Gülder Ö L. Flame Temperature Estimation of Conventional and Future Jet Fuels[J]. Journal of Engineering for Gas Turbines and Power, 1986, 108(2).

[171] Li T, Zhang C, Yuan Y, et al. Flame Temperature Estimation from Light Field Image Processing[J]. Applied optics, 2018, 57(25): 7259-7265.